これでわかるさんすう しょうがく1ねん

文英堂編集部　編

JN025239

文英堂

とくべつふろく
きょうかしょの まとめカード30

---

1 〔５までの かず〕 ➡ほんぶん6ページ

いち に さん し ご
1 2 3 4 5

こたえ 3, 5, 4

---

2 〔10までの かず〕 ➡8ページ

ろく しち はち く じゅう
6 7 8 9 10

こたえ 8, 10, 7

---

3 〔なんばんめ（みぎ, ひだり）〕 ➡13ページ

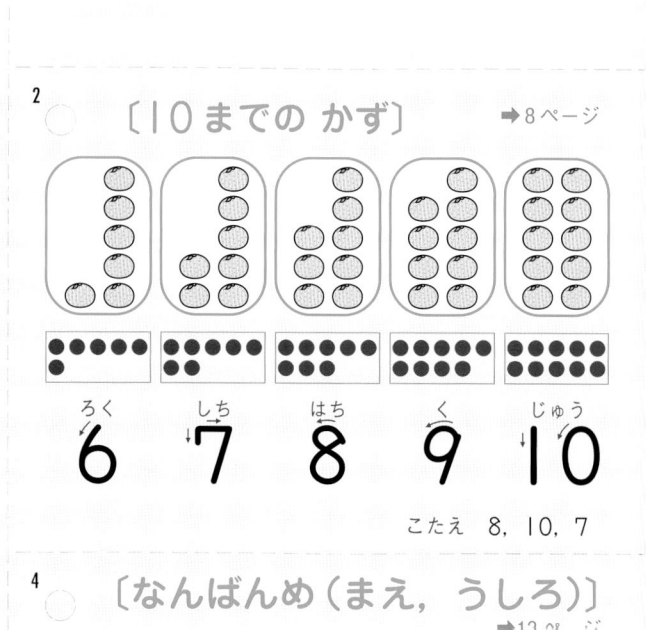

● みぎから２ばんめには クレヨンが あります。
● ボールは, ひだりから３ばんめに あります。

こたえ （1)はさみ （2)2ばんめ

---

4 〔なんばんめ（まえ, うしろ）〕 ➡13ページ

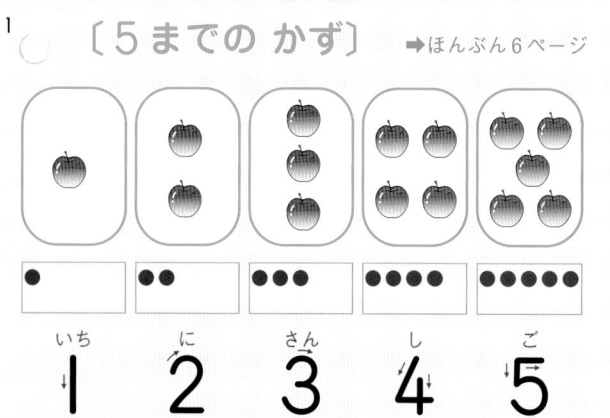

ゆみ　　　　ゆうと

● ゆみさんはまえから ２ばんめです。
● ゆうとさんはうしろから ３ばんめです。

こたえ （1)5ばんめ （2)4ばんめ

---

5 〔いくつと いくつ①〕 ➡19ページ

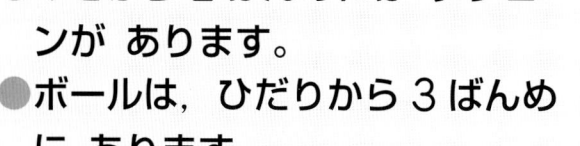
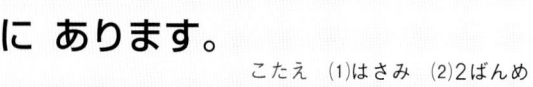

5

1と4
2と3
3と2
4と1

こたえ 5, 4, 3, 2

---

6 〔いくつと いくつ②〕 ➡19ページ

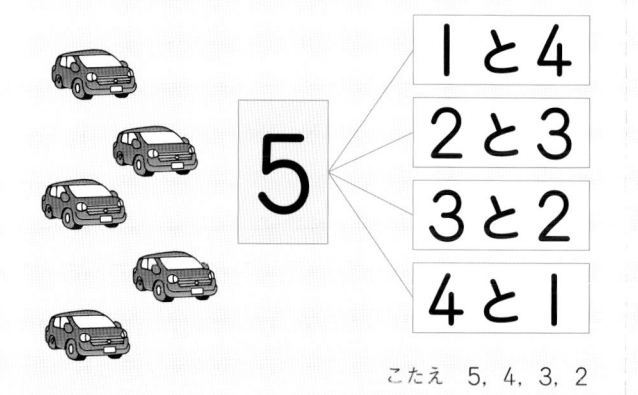

8

1と7
2と6
3と5
4と4

こたえ 1, 2, 3, 4

ミシンめで きりとってください。リングに とじて つかえば べんりです。

カードの つかいかた と しくみ

- カードの おもてには, きょうかしょの たいせつなことを まとめています。
- カードの うらには, テストに よくでる もんだいを のせています。
- もんだいの こたえは, おもての いちばん したに のせています。

2

○ かずを いいましょう。

□ ひき　　□ ぴき　　□ ひき

1

○ かずを いいましょう。

□ ぴき　　□ わ　　□ ひき

4

(1) たくとさんは まえから なんばんめでしょう。

(2) りえさんは うしろから なんばんめでしょう。

たくと　　　りえ

3

(1) ひだりから 2ばんめには なにが あるでしょう。

(2) にんぎょうは みぎから なんばんめに あるでしょう。

6

○ □の かずを いいましょう。

	□ と 6
7	□ と 5
	□ と 4
	□ と 3

5

○ □の かずを いいましょう。

	1 と □
6	2 と □
	3 と □
	4 と □

7 〔あわせて いくつ〕 ➡25ページ

$$4 + 3 = 7$$
し　たす　さん　は　しち

こたえ　8

8 〔ふえると いくつ〕 ➡25ページ

$$5 + 5 = 10$$
ご　たす　ご　は　じゅう

こたえ　10

9 〔5までの かずの たしざん〕 ➡25ページ

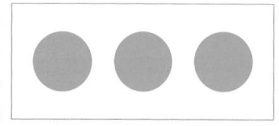

$$3 + 2 = 5$$
さん　たす　に　は　ご

こたえ　(1)2　(2)5　(3)4　(4)5　(5)5　(6)4

10 〔10までの かずの たしざん〕 ➡25ページ

$$7 + 3 = 10$$
しち　たす　さん　は　じゅう

こたえ　(1)9　(2)10　(3)8　(4)7　(5)10　(6)9

11 〔のこりは いくつ〕 ➡31ページ

●4から 3を ひくと のこりは 1

こたえ　6

12 〔ちがいは いくつ〕 ➡31ページ

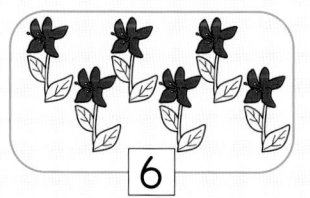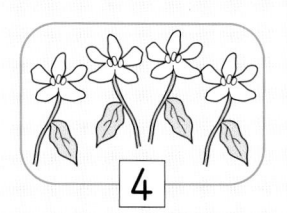

●あかい はなのほうが 2ほん おおい。

こたえ　7

13 〔5までの かずの ひきざん〕 ➡31ページ

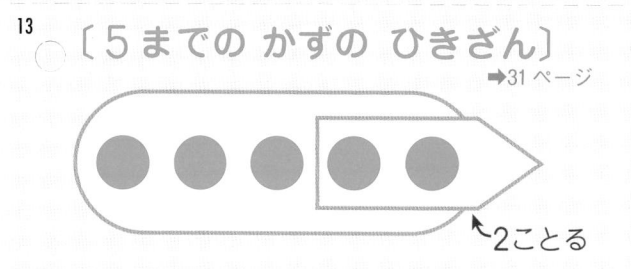

2ことる

$$5 - 2 = 3$$
ご　ひく　に　は　さん

こたえ　(1)1　(2)3　(3)1　(4)1　(5)4　(6)2

14 〔10までの かずの ひきざん〕 ➡31ページ

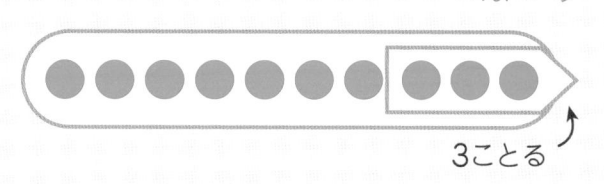

3ことる

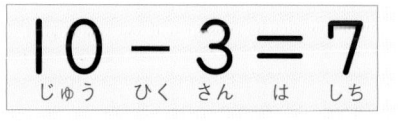

$$10 - 3 = 7$$
じゅう　ひく　さん　は　しち

こたえ　(1)8　(2)5　(3)4　(4)1　(5)1　(6)7

● なんこに ふえたでしょう。

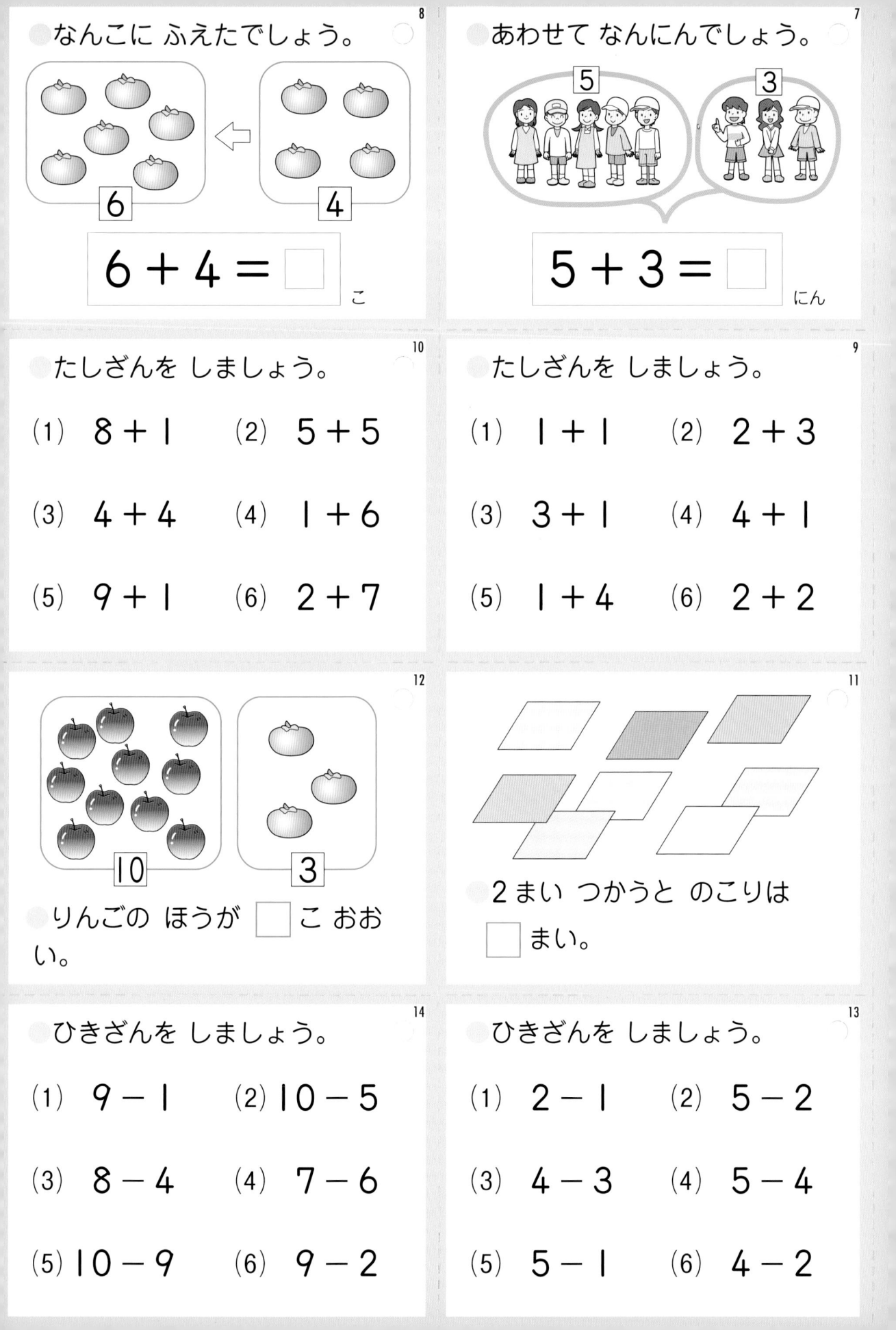

6　4

$$6 + 4 = \boxed{}$$ こ

● あわせて なんにんでしょう。

5　3

$$5 + 3 = \boxed{}$$ にん

● たしざんを しましょう。

(1)　8 + 1　　(2)　5 + 5

(3)　4 + 4　　(4)　1 + 6

(5)　9 + 1　　(6)　2 + 7

● たしざんを しましょう。

(1)　1 + 1　　(2)　2 + 3

(3)　3 + 1　　(4)　4 + 1

(5)　1 + 4　　(6)　2 + 2

10　3

● りんごの ほうが □ こ おおい。

● 2まい つかうと のこりは □ まい。

● ひきざんを しましょう。

(1)　9 − 1　　(2) 10 − 5

(3)　8 − 4　　(4)　7 − 6

(5) 10 − 9　　(6)　9 − 2

● ひきざんを しましょう。

(1)　2 − 1　　(2)　5 − 2

(3)　4 − 3　　(4)　5 − 4

(5)　5 − 1　　(6)　4 − 2

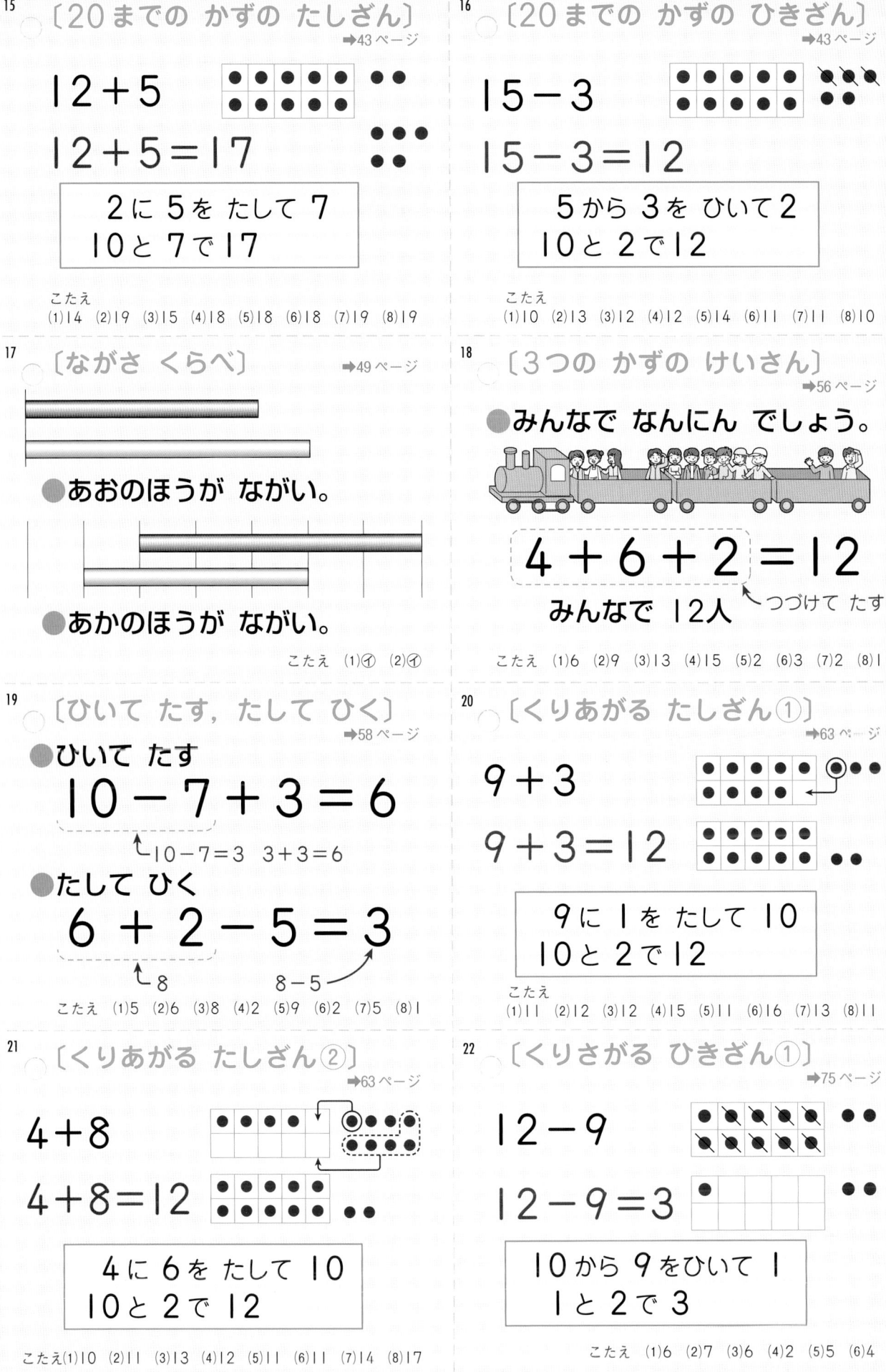

15 〔20までの かずの たしざん〕 ➡43ページ

12＋5

12＋5＝17

> 2に 5を たして 7
> 10と 7で 17

こたえ
(1)14 (2)19 (3)15 (4)18 (5)18 (6)18 (7)19 (8)19

16 〔20までの かずの ひきざん〕 ➡43ページ

15－3

15－3＝12

> 5から 3を ひいて2
> 10と 2で12

こたえ
(1)10 (2)13 (3)12 (4)12 (5)14 (6)11 (7)11 (8)10

17 〔ながさ くらべ〕 ➡49ページ

● あおのほうが ながい。

● あかのほうが ながい。

こたえ (1)⑦ (2)⑦

18 〔3つの かずの けいさん〕 ➡56ページ

● みんなで なんにん でしょう。

4＋6＋2＝12 ←つづけて たす

みんなで 12人

こたえ (1)6 (2)9 (3)13 (4)15 (5)2 (6)3 (7)2 (8)1

19 〔ひいて たす，たして ひく〕 ➡58ページ

● ひいて たす
10－7＋3＝6
└10－7＝3　3＋3＝6

● たして ひく
6＋2－5＝3
└8　　　8－5

こたえ (1)5 (2)6 (3)8 (4)2 (5)9 (6)2 (7)5 (8)1

20 〔くりあがる たしざん①〕 ➡63ページ

9＋3

9＋3＝12

> 9に 1を たして 10
> 10と 2で12

こたえ
(1)11 (2)12 (3)12 (4)15 (5)11 (6)16 (7)13 (8)11

21 〔くりあがる たしざん②〕 ➡63ページ

4＋8

4＋8＝12

> 4に 6を たして 10
> 10と 2で12

こたえ(1)10 (2)11 (3)13 (4)12 (5)11 (6)11 (7)14 (8)17

22 〔くりさがる ひきざん①〕 ➡75ページ

12－9

12－9＝3

> 10から 9をひいて 1
> 1と 2で 3

こたえ (1)6 (2)7 (3)6 (4)2 (5)5 (6)4

●ひきざんを　しましょう。 16

(1) 12−2 　　(2) 16−3

(3) 18−6 　　(4) 16−4

(5) 19−5 　　(6) 18−7

(7) 17−6 　　(8) 15−5

●たしざんを　しましょう。 15

(1) 13+1 　　(2) 17+2

(3) 12+3 　　(4) 15+3

(5) 11+7 　　(6) 12+6

(7) 13+6 　　(8) 16+3

●けいさんを　しましょう。 18

(1) 3+1+2 　　(2) 5+3+1

(3) 2+8+3 　　(4) 7+3+5

(5) 6−1−3 　　(6) 8−3−2

(7) 10−4−4 　(8) 10−7−2

17

(1) どちらが　ながいでしょう。

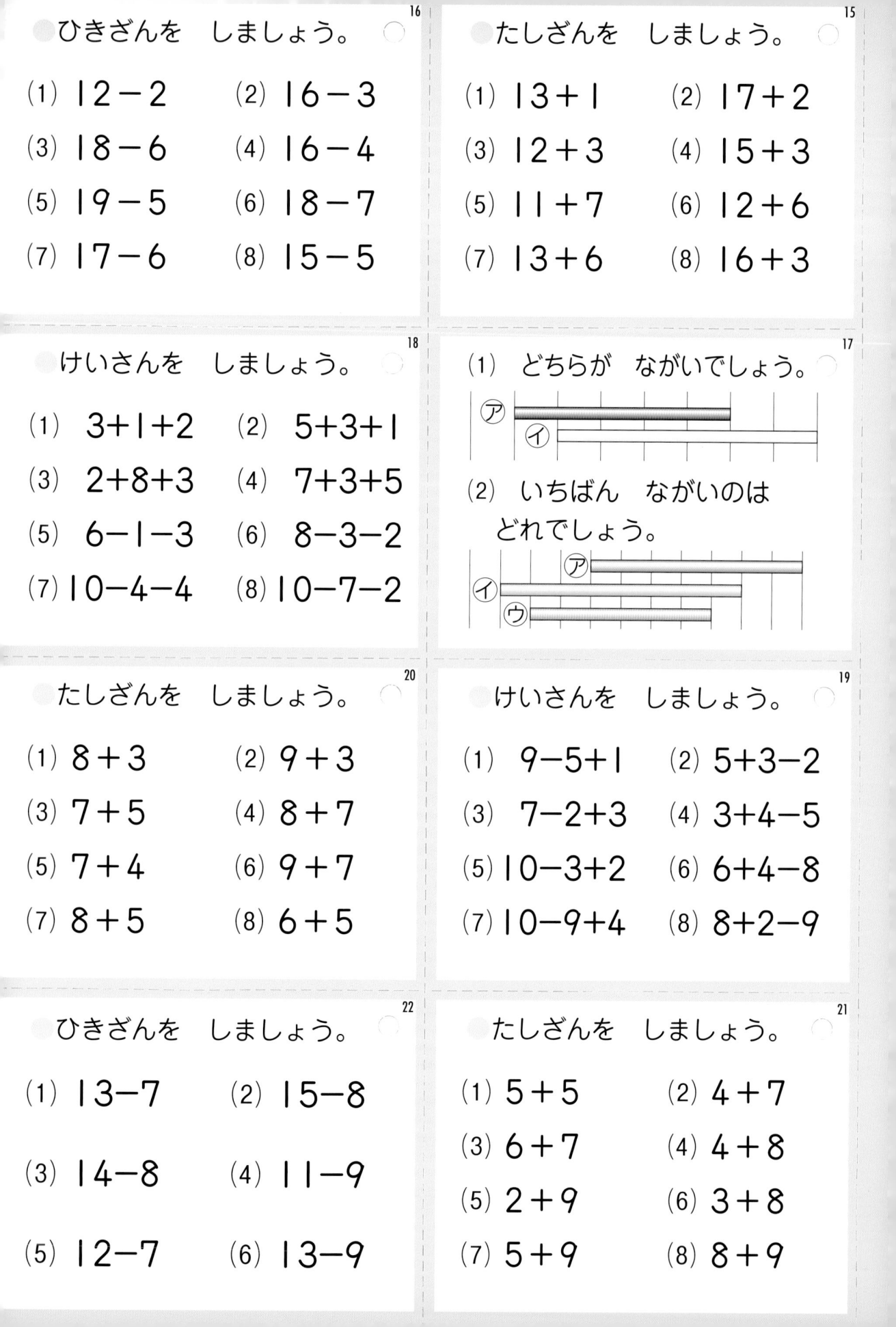

(2) いちばん　ながいのは
　　どれでしょう。

●たしざんを　しましょう。 20

(1) 8+3 　　(2) 9+3

(3) 7+5 　　(4) 8+7

(5) 7+4 　　(6) 9+7

(7) 8+5 　　(8) 6+5

●けいさんを　しましょう。 19

(1) 9−5+1 　　(2) 5+3−2

(3) 7−2+3 　　(4) 3+4−5

(5) 10−3+2 　(6) 6+4−8

(7) 10−9+4 　(8) 8+2−9

●ひきざんを　しましょう。 22

(1) 13−7 　　(2) 15−8

(3) 14−8 　　(4) 11−9

(5) 12−7 　　(6) 13−9

●たしざんを　しましょう。 21

(1) 5+5 　　(2) 4+7

(3) 6+7 　　(4) 4+8

(5) 2+9 　　(6) 3+8

(7) 5+9 　　(8) 8+9

23 〔くりさがる ひきざん②〕
➡75 ページ

15−7

10 から 7 をひいて 3
3 と 5 で 8

15−7＝8

こたえ (1)9 (2)8 (3)8 (4)8 (5)9 (6)7

24 〔おおきい かず①〕
➡81 ページ

●なんぼんあるでしょう

40 ぽんと 5 ほんで 45 ほん

こたえ 100

25 〔おおきい かずの しくみ〕
➡81 ページ

● 10 が 3 こで 30

● 10 が 6 こと 1 が 4 こで 64

● 10 が 10 こで 100

こたえ (1)34 (2)73 (3)10 (4)1

26 〔おおきい かずの だいしょう〕
➡81 ページ

● 19 と 20 では 19 のほうが
ちいさい。

● 87 と 78 では 87 のほうが
おおきい。

● 100 は 99 より 1 おおきい。

こたえ (1)98 (2)2 (3)60 (4)90

27 〔かずの せん〕
➡81 ページ

0 10 20 30 40 50

50 60 70 80 90 100

100 までの かずのせん

こたえ (1)30, 50 (2)48, 50 (3)80, 60 (4)97, 95

28 〔とけい〕
➡89 ページ

ながい はり…なんぷんかを よむ。
みじかい はり…なんじかを よむ。

9 じ 30 ぷん   3 じ 21 ぷん

こたえ (1)8 じ 15 ふん (2)10 じ 55 ふん

29 〔なんじゅうの たしざん〕
➡94 ページ

● 30 に 20 を たしましょう。

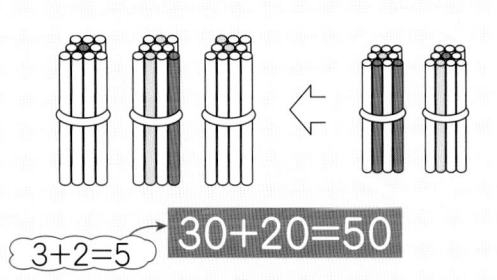

3＋2＝5 → 30＋20＝50

こたえ
(1)30 (2)50 (3)80 (4)70 (5)90 (6)80 (7)70 (8)90

30 〔なんじゅうの ひきざん〕
➡96 ページ

● 50 から 30 を ひきましょう。

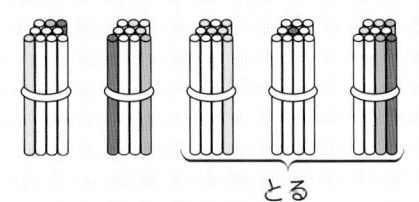

とる

5−3＝2 → 50−30＝20

こたえ
(1)20 (2)50 (3)10 (4)40 (5)10 (6)10 (7)30 (8)20

● なんまい あるでしょう。

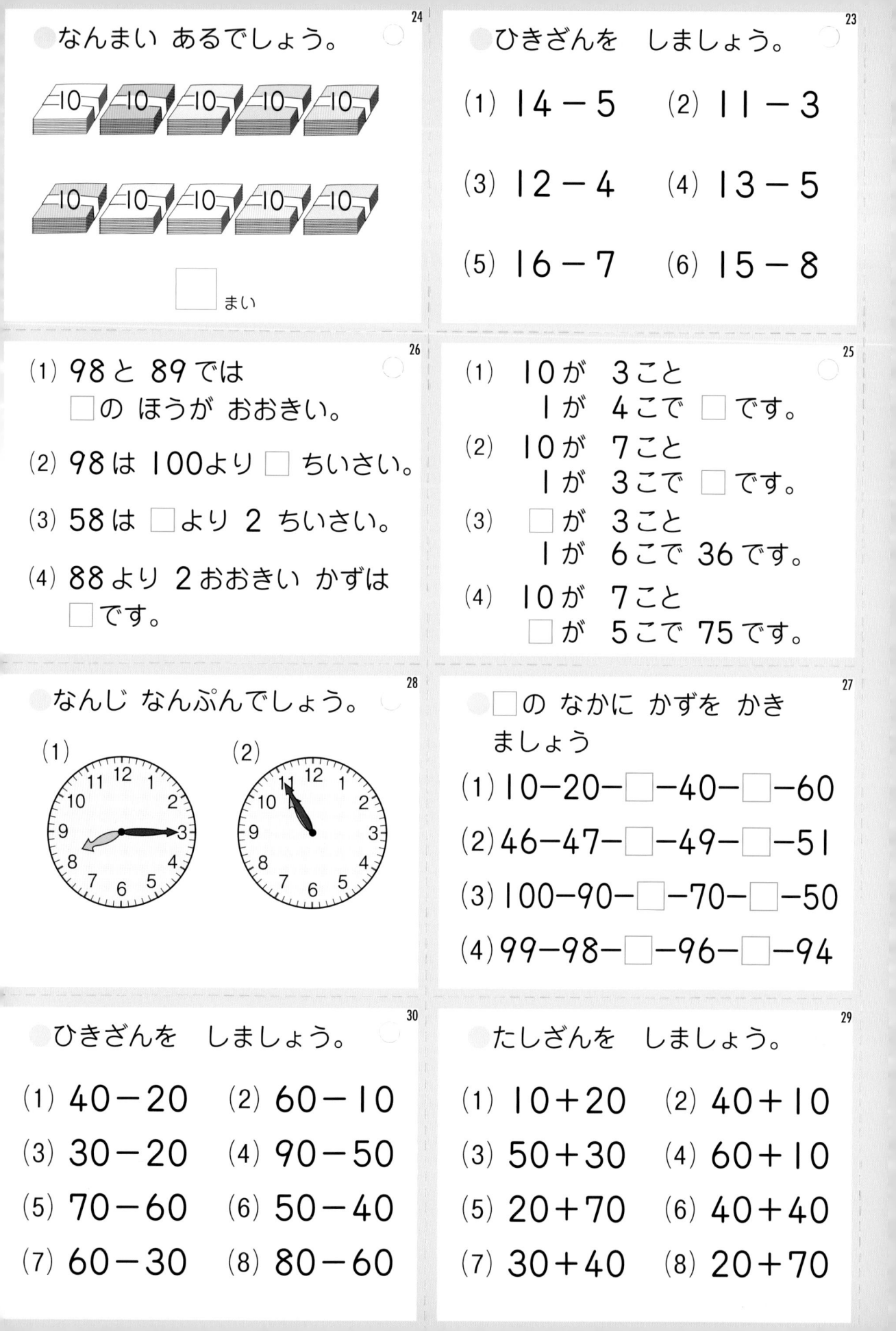

□ まい

● ひきざんを しましょう。

(1) $14 - 5$ (2) $11 - 3$

(3) $12 - 4$ (4) $13 - 5$

(5) $16 - 7$ (6) $15 - 8$

(1) 98と 89では
□の ほうが おおきい。

(2) 98は 100より □ ちいさい。

(3) 58は □ より 2 ちいさい。

(4) 88より 2おおきい かずは
□ です。

(1) 10が 3ことで
1が 4こで □ です。

(2) 10が 7ことで
1が 3こで □ です。

(3) □ が 3ことで
1が 6こで 36 です。

(4) 10が 7ことで
□ が 5こで 75 です。

● なんじ なんぷんでしょう。

(1)   (2)

● □の なかに かずを かき
ましょう

(1) 10-20-□-40-□-60

(2) 46-47-□-49-□-51

(3) 100-90-□-70-□-50

(4) 99-98-□-96-□-94

● ひきざんを しましょう。

(1) $40 - 20$ (2) $60 - 10$

(3) $30 - 20$ (4) $90 - 50$

(5) $70 - 60$ (6) $50 - 40$

(7) $60 - 30$ (8) $80 - 60$

● たしざんを しましょう。

(1) $10 + 20$ (2) $40 + 10$

(3) $50 + 30$ (4) $60 + 10$

(5) $20 + 70$ (6) $40 + 40$

(7) $30 + 40$ (8) $20 + 70$

このほんの とくしょくと つかいかた

❶ きょうかしょに あわせて いる。

❷ たいせつな ことが わかりやすく かいて ある。

❸ ドリルや テストが たくさん のって いる。

❹ もんだいの かんがえかたや ときかたが くわしく かいて ある。

❺ カラーの しゃしんや ずが おおいので、たのしく べんきょう できる。

このほんは、ぜんこくのしょうがっこう・じゅくのせんせいやおともだちに、"どんなほんがよいか" をきいてつくりました。

この ほんの くみたてと つかいかた

学習のねらい	● おうちの方に、子供たちがどんなことを勉強するのかを理解してもらうためにのせています。
きょうかしょのまとめ	● きょうかしょに のっている たいせつなことを、わかりやすく まとめて あります。
ほんぶん	● きょうかしょに あわせて、べんきょうする ことを わかりやすく かいて あります。
もとに なる ことがら	▷ここの もんだいを といたり、せつめいを よんでみましょう。ここで べんきょうする ことが よくわかり、さんすうの ちからが つきます。
きょうかしょのドリル	▷べんきょうした ことを たしかめるための もんだいです。たくさん あります。
テストにでるもんだい	▷がっこうの テストに よく でる もんだいを のせて います。じかんと はいてんも かいて あります。
おもしろ さんすう	● あたまの たいそうを する ところです。たのしみながら さんすうの もんだいを かんがえましょう。
やってみよう	● さんすうの ちしきを ひろめたり ふかめたり する ところです。

もくじ

もくじ

もくじ

1 10までの かず

学習のねらい

10までの数について，
読み方，書き方などを勉強します。

きょうかしょ
のまとめ→

1	**2**	**3**	**4**	**5**
いち	に	さん	し	ご

6	**7**	**8**	**9**	**10**
ろく	しち	はち	く	じゅう

5

1 5までの かず

5までの かずの かぞえかた，よみかた，かきかたを
おぼえましょう。

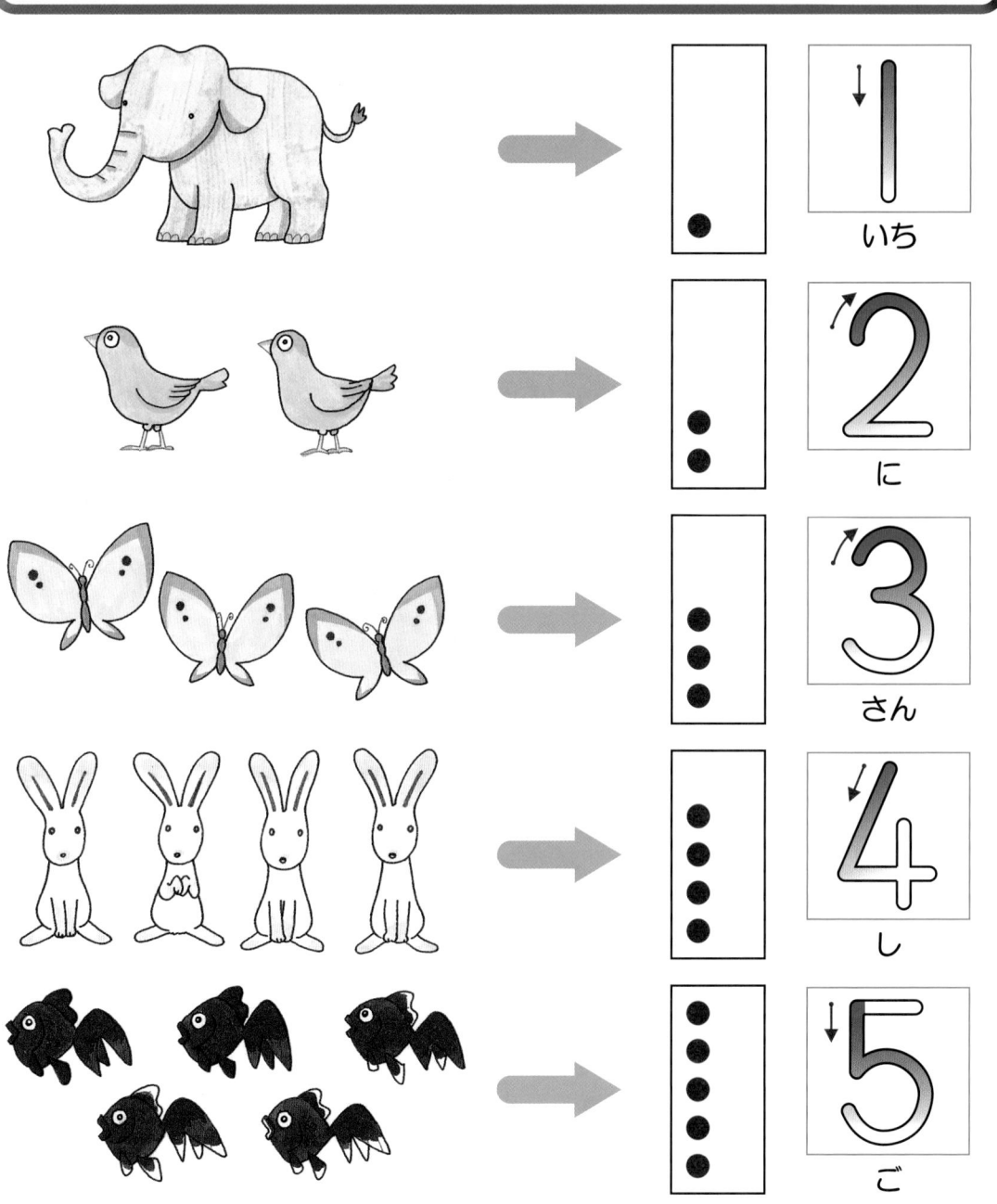

いち

に

さん

し

ご

きょうかしょのドリル

こたえ → べっさつ3ページ

❶ かずだけ えを せんで かこみましょう。

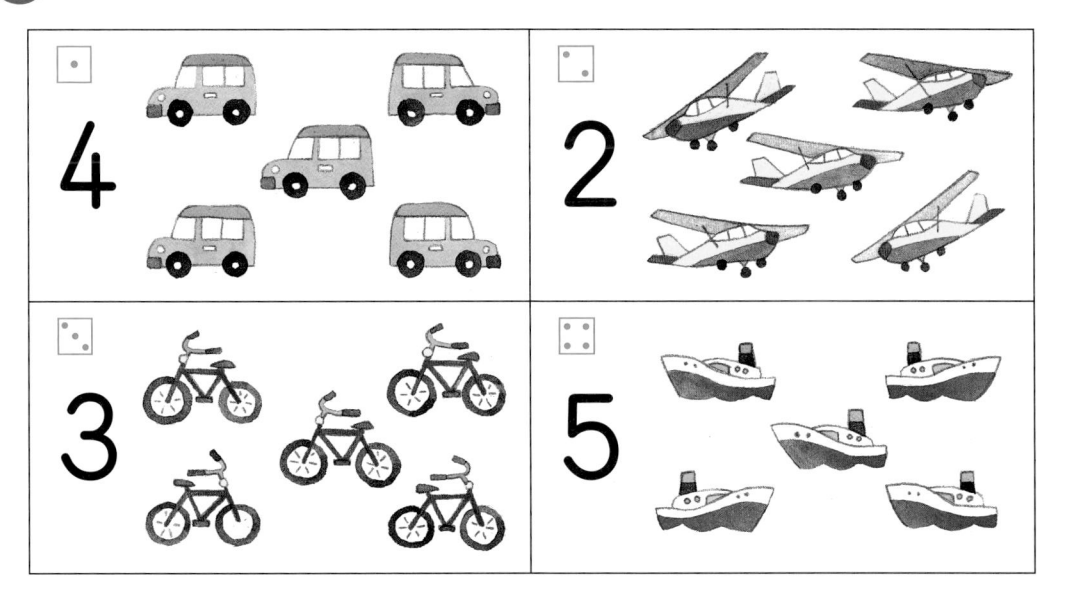

❷ えの かずに あう すうじを かきましょう。

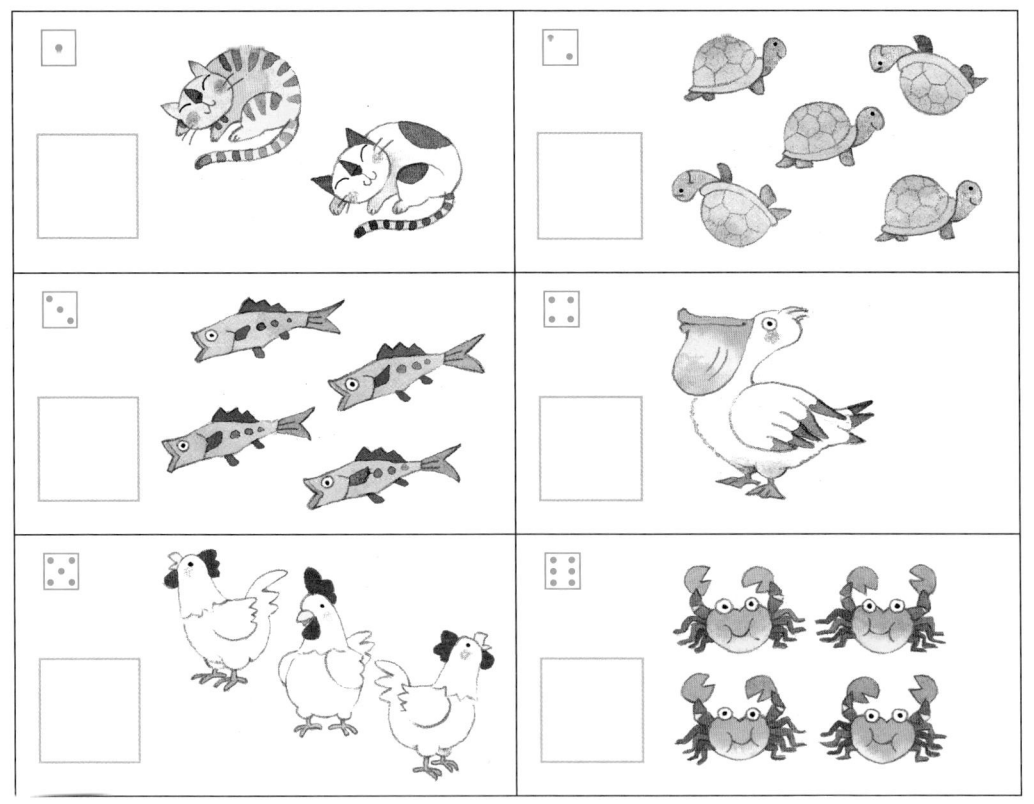

2 10までの かず

もとに なる ことがら

10までの かずの かぞえかた，よみかた，かきかたを
おぼえましょう。

6
ろく

7
しち

8
はち

9
く

10
じゅう

きょうかしょのドリル

こたえ → べっさつ4ページ

❶ かずだけ えを せんで かこみましょう。

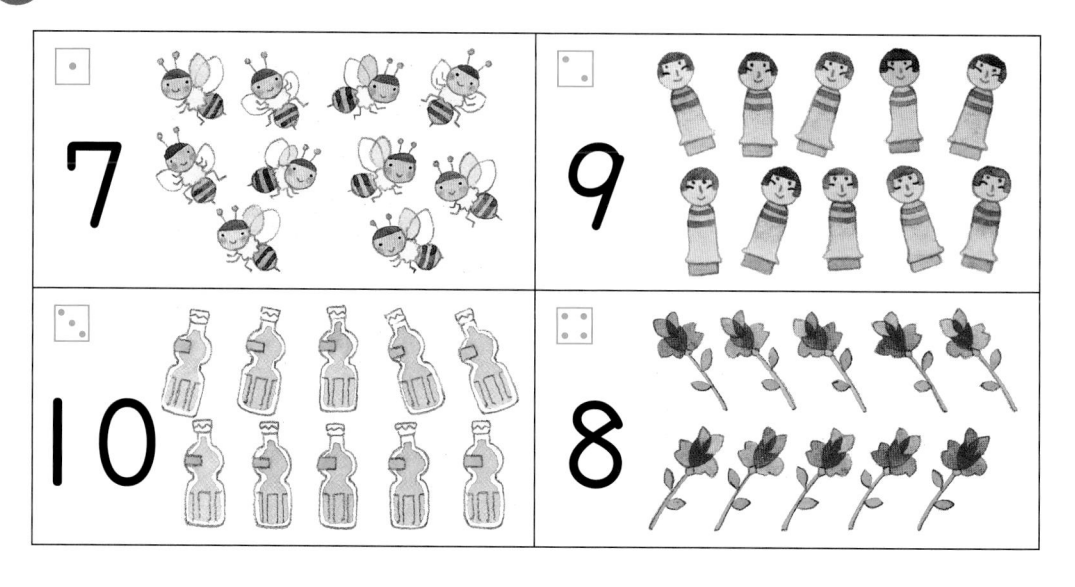

❷ えの かずに あう すうじを かきましょう。

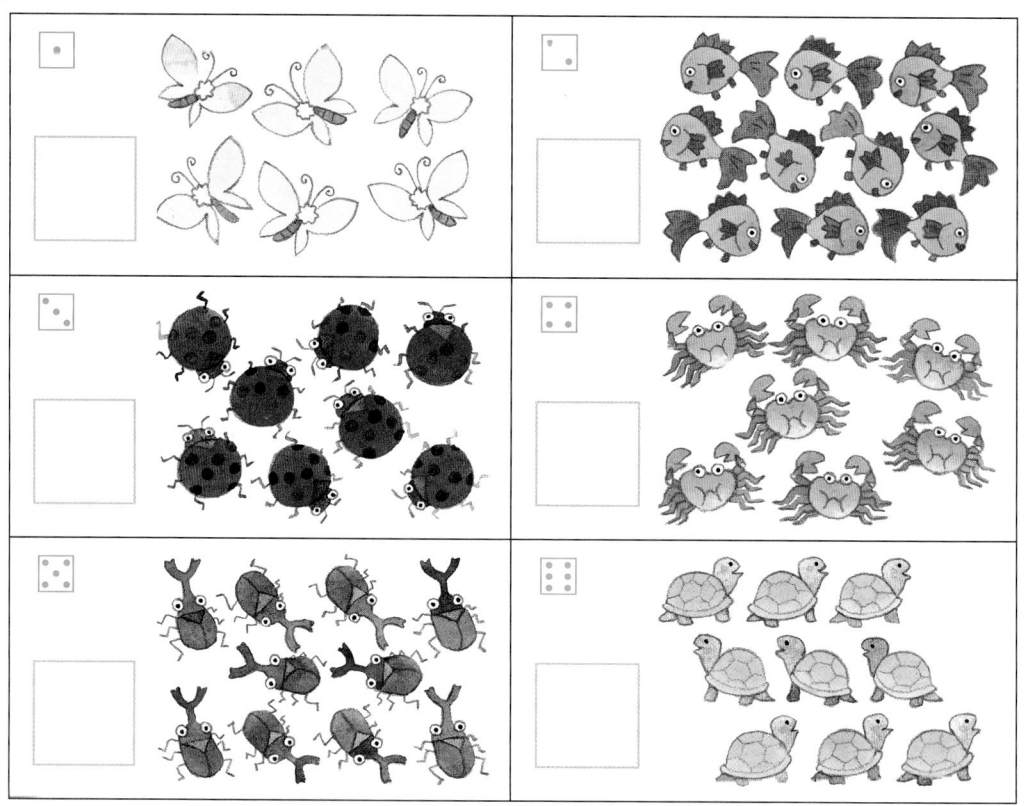

テストにでるもんだい①

こたえ ➜ べっさつ4ページ
じかん5ふん

とくてん　　　　てん

1 あう かずを せんで むすびましょう。［10てんずつ…ごうけい40てん］

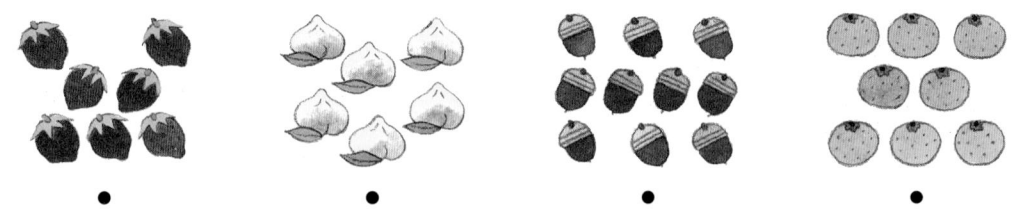

5　6　7　8　9　10

2 えの かずに あう すうじを かきましょう。

［10てんずつ…ごうけい60てん］

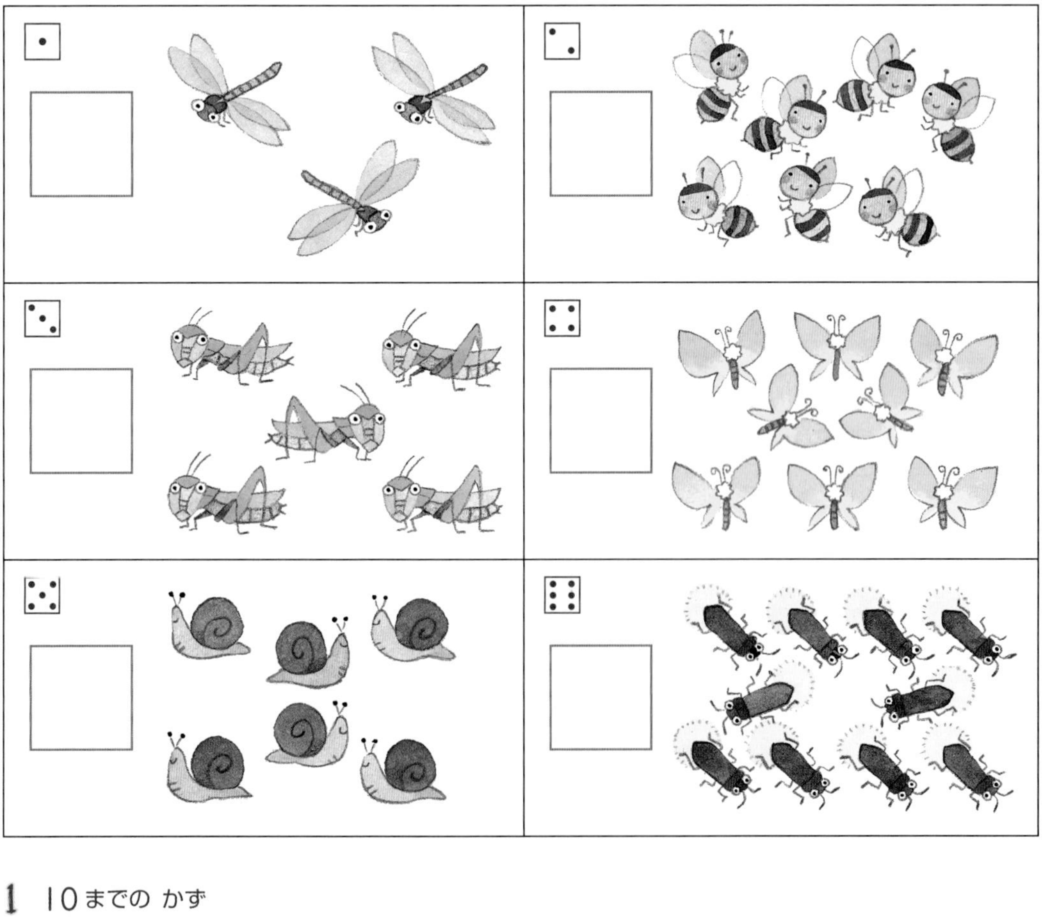

テストにでるもんだい②

こたえ → べっさつ**4**ページ
じかん**5**ふん

とくてん [　　　] てん

1 1から 10まで せんで つなぎましょう。 [15てんずつ…ごうけい30てん]

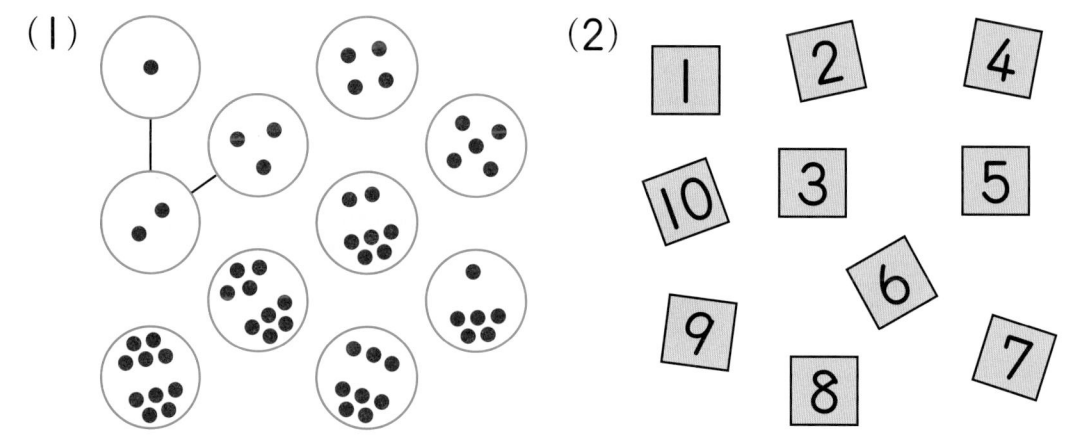

(1)

(2)

2 どちらが おおきいでしょう。おおきいほうを ○で かこみましょう。 [10てんずつ…ごうけい30てん]

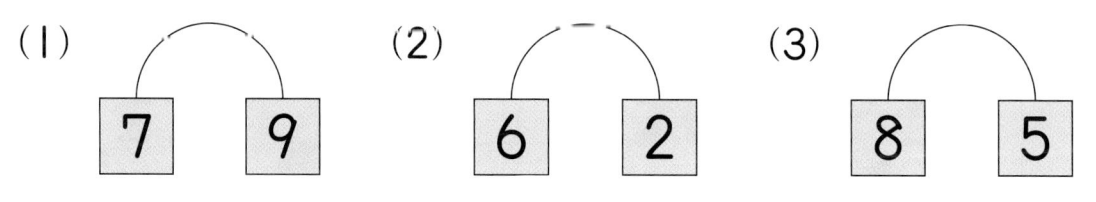

(1) 7 9　　　(2) 6 2　　　(3) 8 5

3 □の なかに かずを かきいれましょう。 [10てんずつ…ごうけい40てん]

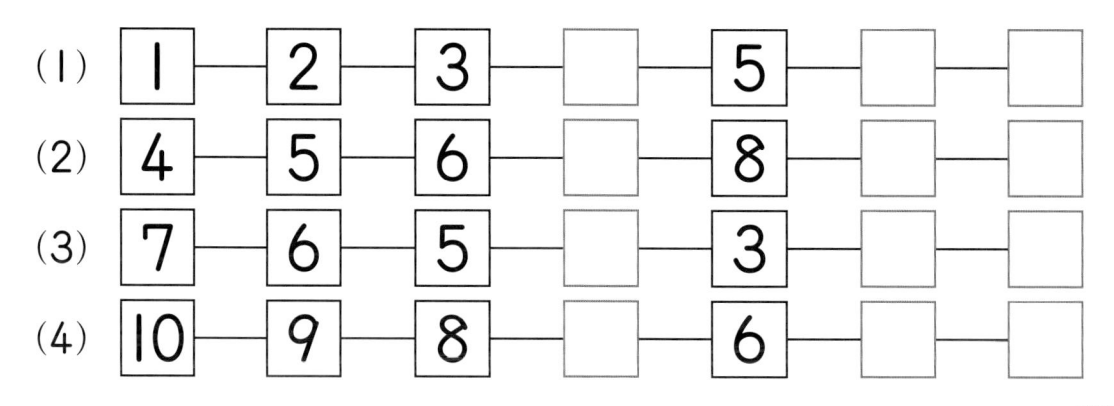

(1) | 1 | 2 | 3 | □ | 5 | □ | □ |

(2) | 4 | 5 | 6 | □ | 8 | □ | □ |

(3) | 7 | 6 | 5 | □ | 3 | □ | □ |

(4) | 10 | 9 | 8 | □ | 6 | □ | □ |

1 10までの かず **11**

0を かんがえよう

こたえ → 127 ページ

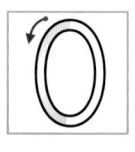

ひとつも ないとき 0と かきます。

| 3 | 2 | 1 | 0 |

▶ いくつ はいったでしょう。☐の なかに かきましょう。

● わなげ

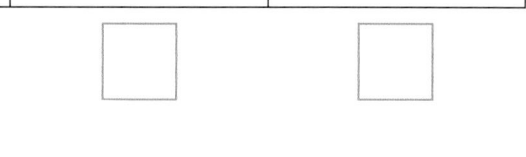

| 2 | ☐ | ☐ | ☐ |

● たまいれ

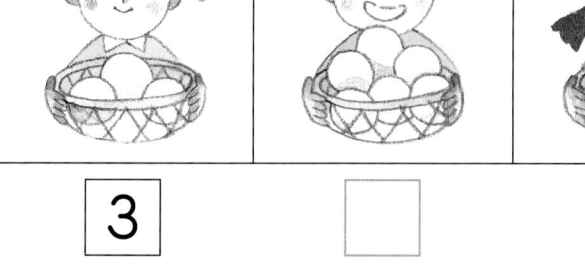

| 3 | ☐ | ☐ | ☐ |

2 なんばんめ

学習のねらい

順序を表す数や方向,
位置を表す数について勉強します。

きょうかしょ
のまとめ

5にん

かずを あらわ
して います。

じゅんばんを あら
わして います。

5ばんめ

1 なんばんめ

もとに なる ことがら

1ばんめ，2ばんめ，…のように，じゅんばんを しらべます。

（1）りすは うえから
　　　□ ばんめです。

（2）おうむは したから
　　　□ ばんめです。

（3）ぞうは ひだりから
　　　□ ばんめです。

（4）きりんは みぎから
　　　□ ばんめです。

こたえ → べっさつ5ページ

うえから
1ばんめ

ひだりから
1ばんめ

したから
1ばんめ

きょうかしょのドリル

こたえ → べっさつ5ページ

❶ かけっこを しました。

（1）けんとさんは 2ばんめです。5ばんめは だれでしょう。

（　　　　　　）

（2）ゆいさんは なんばんめでしょう。　（　　　　）ばんめ

❷ いろを ぬりましょう。

（1）みぎから 2ばんめ

（2）ひだりから 3こ

❸ どうぶつが ならんで います。

（1）うさぎは ひだりから なんばんめでしょう。（　　　）ばんめ

（2）みぎから 4ばんめは なにでしょう。　（　　　　　　）

❶ □ に あう のりものを ○で かこみましょう。

[12てんずつ…ごうけい60てん]

（1） | まえから 3ばんめ |

（2） | うしろから 2ばんめ |

（3） | まえから 4ばんめ |

（4） | まえから 6ばんめ |

（5） | うしろから 5ばんめ |

❷ いろを ぬりましょう。[20てんずつ…ごうけい40てん]

（1） まえから **3**ばんめ

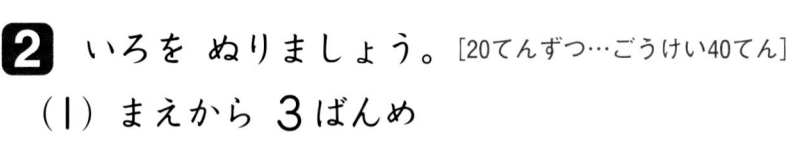

（2） まえから **3**びき

1 たなに いろいろな ものが はいっています。

[12てんずつ…ごうけい60てん]

(1) みぎから **2** ばんめには なにがある
でしょう。　　〔　　　　　　　　　〕

(2) ひだりから **2** ばんめには なにが
あるでしょう。　　〔　　　　　　　　　〕

(3) クレヨンは したから なんばんめでしょう。　〔　　　〕ばんめ

(4) ひこうきは うえから なんばんめでしょう。　〔　　　〕ばんめ

(5) したから **4** ばんめには なにが あるでしょう。

〔　　　　　　　　　〕

2 おともだちが ならんで います。[20てんずつ…ごうけい40てん]

(1) ひだりから なんばんめの こが たって いるでしょう。

〔　　　〕ばんめ

(2) ひだりから なんにん たって いるでしょう。

〔　　　〕にん

せんで つなごう

▷ 1から 10まで, じゅんに せんで つなぎましょう。

3 いくつと いくつ

学習のねらい

1つの数を，ほかの2つの数に
分けることを勉強します。

きょうかしょ
のまとめ

★ たまを 5つ なげました。

1つ はいって，
4つ はずれました。

5	●●●●●	1 と 4
	●●●●●	2 と 3
	●●●●●	3 と 2
	●●●●●	4 と 1

5は 1と 4を
あわせた かず

1 いくつと いくつ

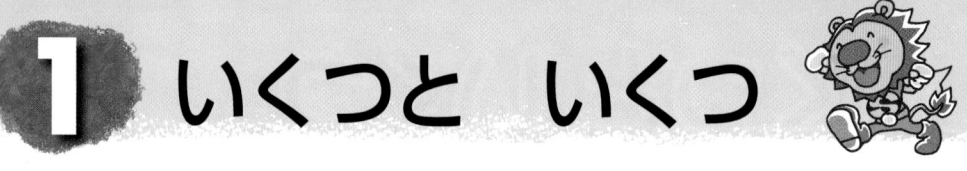

もとに なる ことがら

5を 4と いくつかに わけます。

◯ おはじきが 5こ あります。
かくした かずは
なんこでしょう。

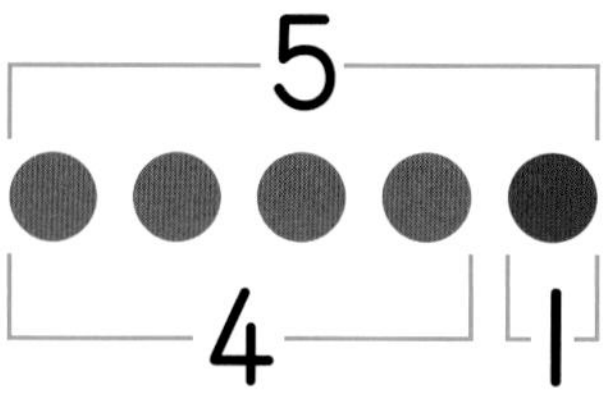

5

● ● ● ● ●

4　　1

→

5	
4	1

こたえ　1こ

❶ 7は いくつと いくつでしょう。

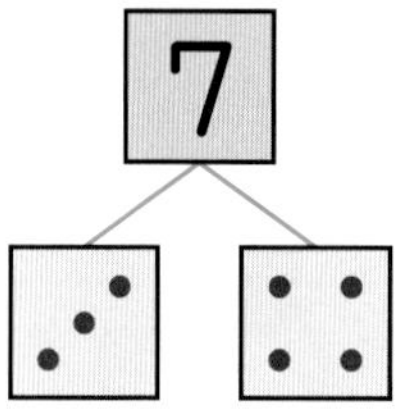

7は 3と 4

7

→

7	
3	4

7	
6	

7	
2	

7は 6と ◯

❷ 10は いくつと いくつでしょう。

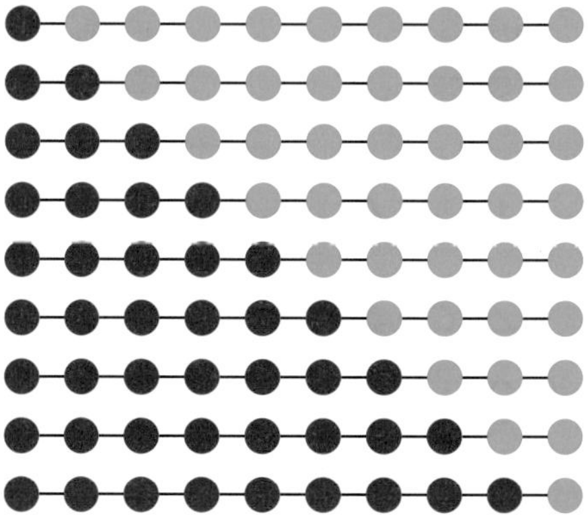

10	
1	

10	
5	

10	
8	

10	
3	

こたえ → べっさつ6ページ

きょうかしょのドリル

こたえ → べっさつ7 ページ

① 6は いくつと いくつでしょう。

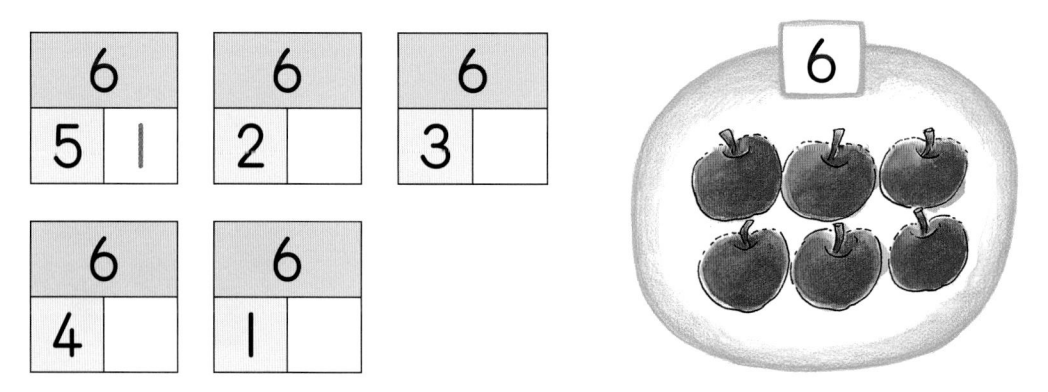

6	
5	1

6	
2	

6	
3	

6	
4	

6	
1	

② 8は いくつと いくつでしょう。

8	
6	2

8	
3	

8	
7	

8	
	4

8	
	2

8	
	5

③ あわせて 9に なるように せんで つなぎましょう。

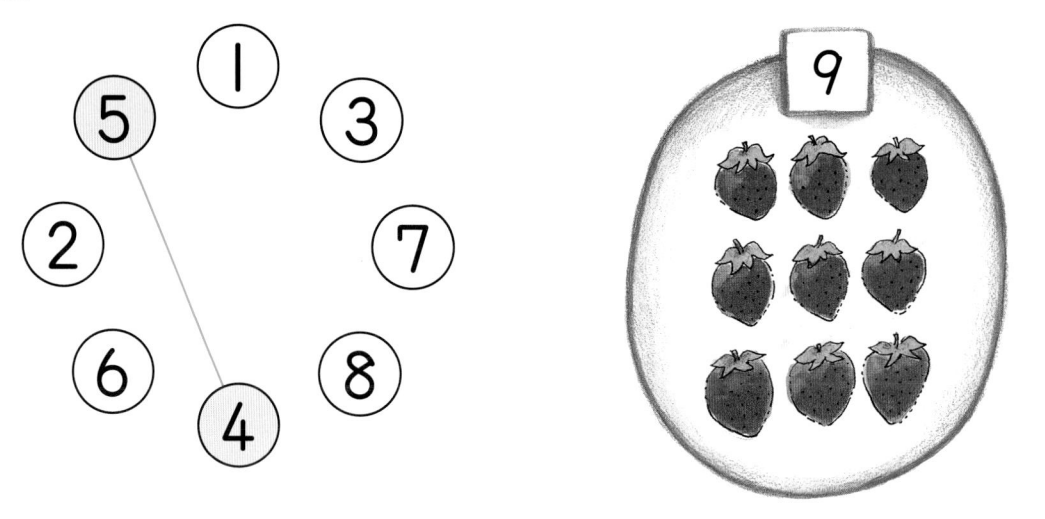

1 ぜんぶで 7こです。かくした かずは なんこでしょう。

[10てんずつ…ごうけい30てん]

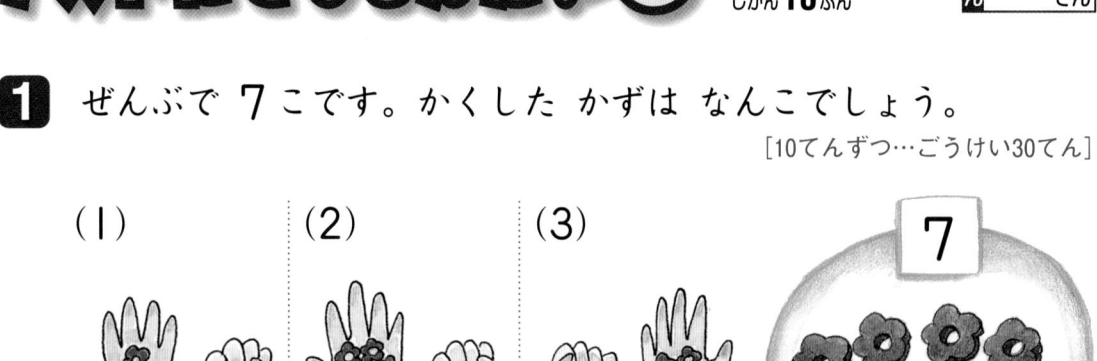

(1) 〔　　〕に　　(2) 〔　　〕に　　(3) 〔　　〕に

2 ☐ のなかに あてはまる かずを いれましょう。

[5てんずつ…ごうけい40てん]

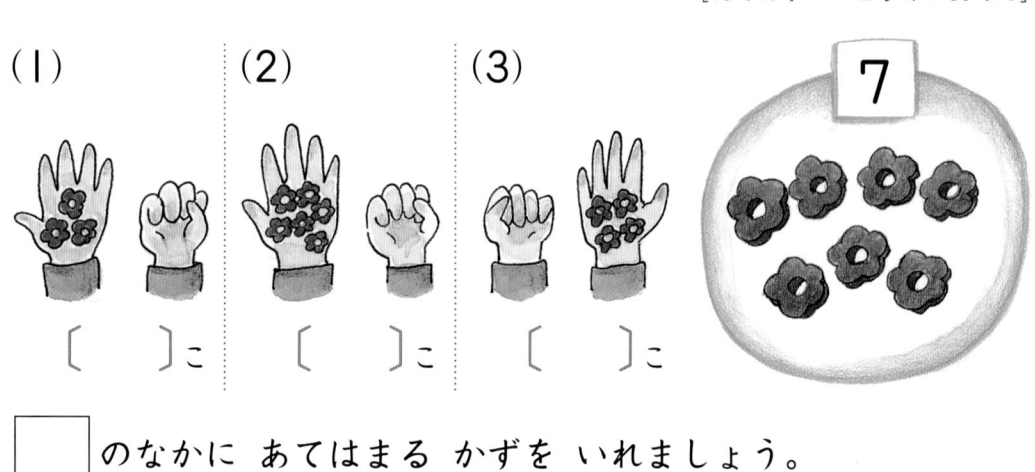

(1) 7 / 3 □　(2) 4 / 1 □　(3) 6 / 2 □　(4) 8 / 2 □

(5) 3 / □ 2　(6) 5 / □ 3　(7) 8 / □ 5　(8) 9 / □ 5

3 せんで むすびましょう。 [15てんずつ…ごうけい30てん]

(1) 8を つくりましょう。　　(2) 10を つくりましょう。

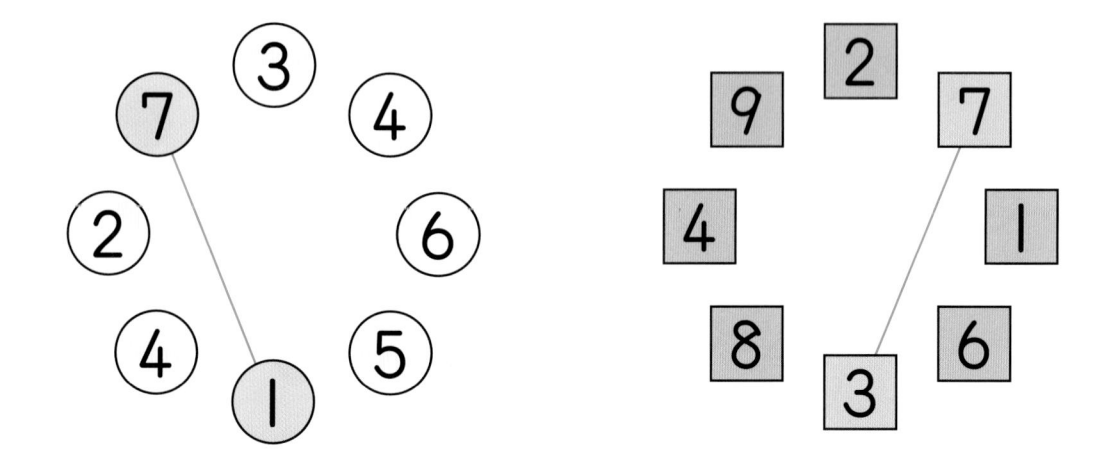

テストにでるもんだい②

こたえ → べっさつ8ページ
じかん **10**ぷん

とくてん　　　てん

1 たまを いれました。2こ はいっ
て，3こ はずれました。
　なげたのは なんこでしょう。

[10てん]

2 と 3 で〔　　〕こ

2 ☐の なかに あてはまる かずを いれましょう。

[6てんずつ…ごうけい36てん]

(1) (1 と 2) で ☐ 　　(2) (2 と 3) で ☐

(3) (6 と 2) で ☐ 　　(4) (4 と 5) で ☐

(5) (5 と 5) で ☐ 　　(6) (9 と 1) で ☐

3 10この ボールを いろいろに わけましょう。

[6てんずつ…ごうけい54てん]

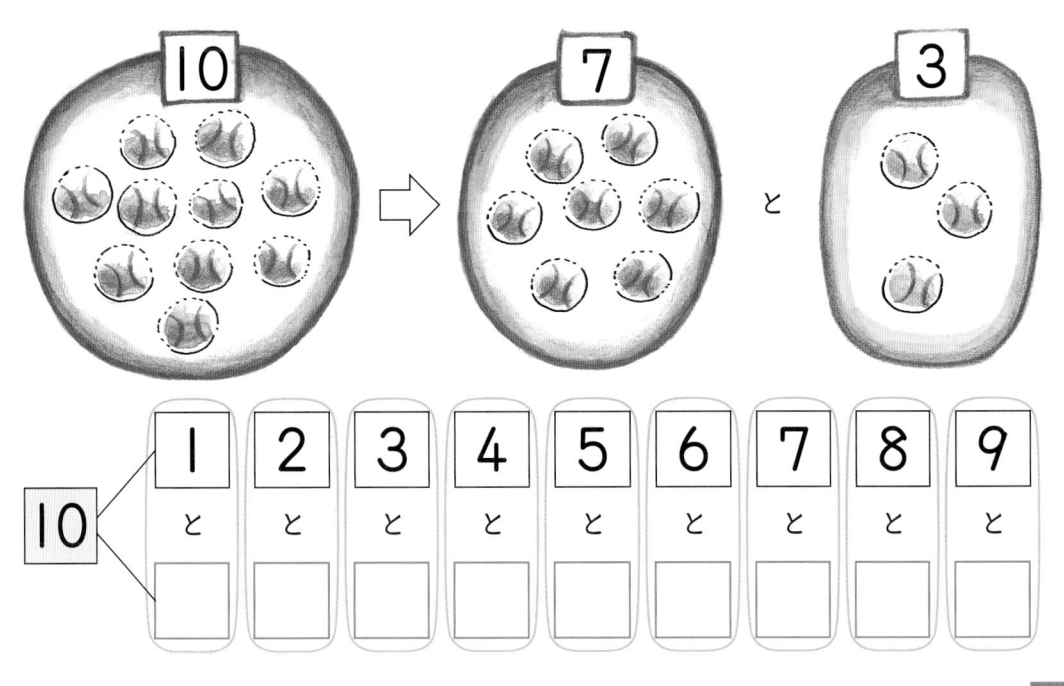

10	1	2	3	4	5	6	7	8	9
	と	と	と	と	と	と	と	と	と

3 いくつと いくつ **23**

おもしろ さんすう いくつに なるのかな

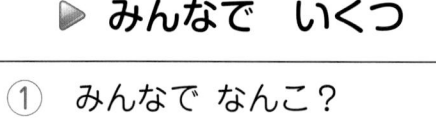

こたえ → 126 ページ

▷ **みんなで いくつ**

① みんなで なんこ？

☐ こ

② みんなで なんば？

☐ わ

③ みんなで なんば？

☐ わ

▷ **のこりは いくつ**

④ みっつ とると のこりは なんこ？

☐ こ

⑤ ふたり おりると のこりは なんにん？

☐ にん

⑥ よっつ たべると のこりは なんこ？

☐ こ

4 たしざん（1）

学習のねらい

＋ の記号の使い方や，
1けたの数のたし算を勉強します。

きょうかしょ
のまとめ

☆ あわせて いくつ

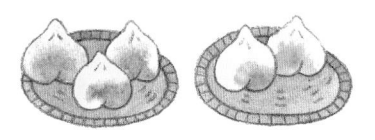

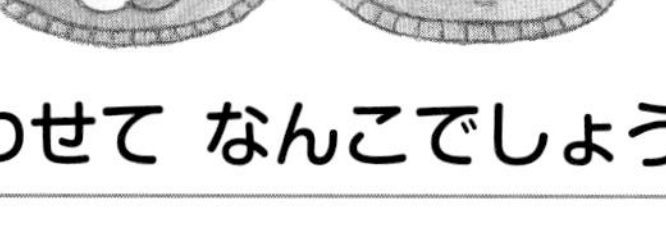

あわせて なんこでしょう。

3と 2を あわせると
5に なります。

$$3 + 2 = 5$$

「3 たす 2 は 5」

こたえ 5こ

☆ ふえると いくつ

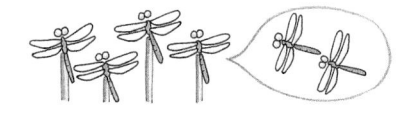

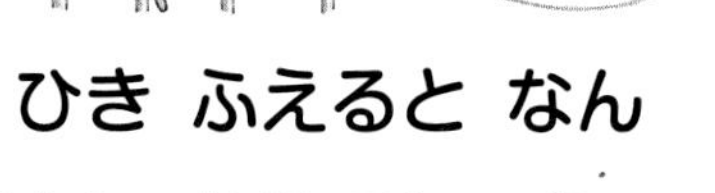

2ひき ふえると なん
びきに なるでしょう。

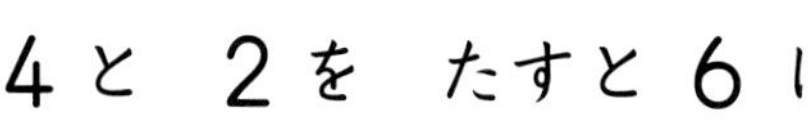

4と 2を たすと 6に
なります。

$$4 + 2 = 6$$

「4 たす 2 は 6」

こたえ 6ぴき

1 たしざん

もとに なる ことがら

10までの たしざんを します。
4+3, 5+4, 0 の たしざんを しましょう。

● あわせて いくつ

あわせて なんさつに
なるでしょう。

4さつ　　　3さつ

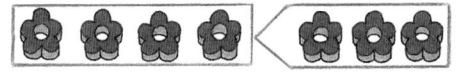

しき　　**4 + 3 = 7**　　こたえ　**7さつ**
「4　たす　3　は　7」

● ふえると いくつ

4ひき ふえると なんびきに
なるでしょう。

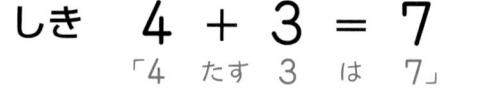

しき　　**5 + 4 = 9**　　こたえ　**9ひき**
「5　たす　4　は　9」

● 0の たしざん

あわせると いくつでしょう。

$$2+1=3$$

$$0+2=2$$

$$2+0=2$$

$$0+0=0$$

26　4 たしざん（1）

きょうかしょのドリル

こたえ → べっさつ9ページ

❶ あわせて いくつでしょう。しきに かきましょう。

（1）
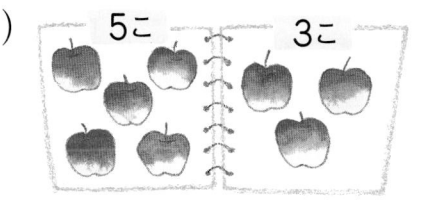

$$\boxed{5} + \boxed{3} = \boxed{}$$

（2）
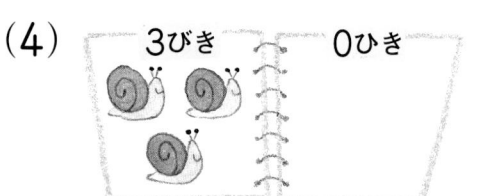

$$\boxed{} + \boxed{} = \boxed{}$$

（3）
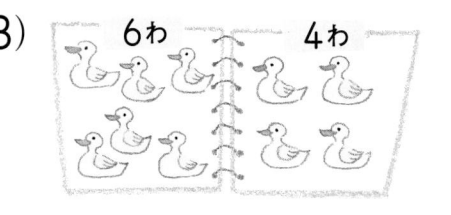

$$\boxed{} + \boxed{} = \boxed{}$$

（4）
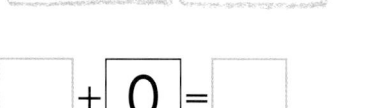

$$\boxed{} + \boxed{0} = \boxed{}$$

❷ ふえると いくつでしょう。しきに かきましょう。

（1）
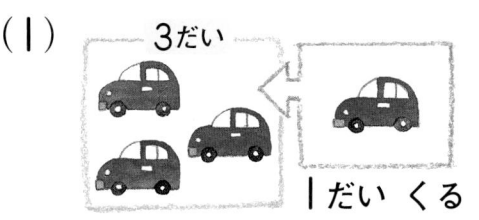

$$\boxed{} + \boxed{} = \boxed{}$$

（2）
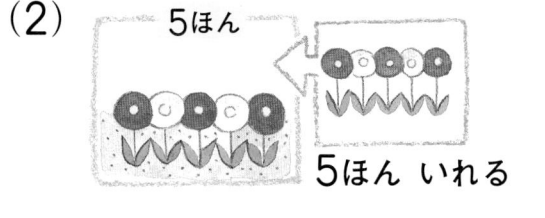

$$\boxed{} + \boxed{} = \boxed{}$$

❸ たしざんを しましょう。

（1）5+2=□ （2）6+3=□ （3）8+2=□

（4）4+4=□ （5）1+9=□ （6）2+4=□

（7）5+4=□ （8）0+7=□ （9）0+0=□

1 しきと こたえを かきましょう。 [15てんずつ…ごうけい30てん]

（1）あわせて なんさつでしょう。

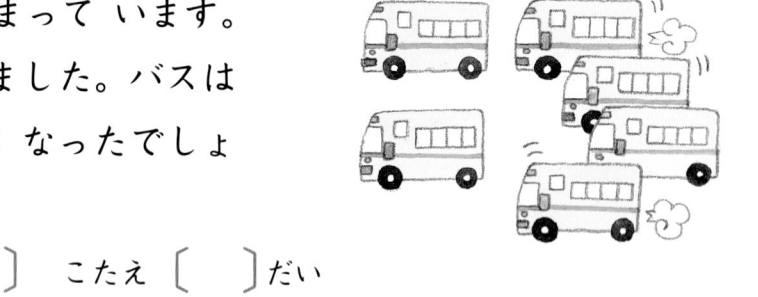

3さつ　　　4さつ

[　] + [　] = [　]

こたえ 〔　　〕さつ

（2）ふえると なんばに なるでしょう。

[　] + [　] = [　]

こたえ 〔　　〕わ

2 たしざんを しましょう。 [5てんずつ…ごうけい30てん]

（1）3+2＝[　]　　（2）9+1＝[　]　　（3）4+4＝[　]

（4）2+6＝[　]　　（5）6+3＝[　]　　（6）1+8＝[　]

3 バスが **2** だい とまって います。そこへ **4** だい きました。バスは みんなで なんだいに なったでしょう。[20てん]

しき 〔　　　　　　　〕　こたえ 〔　　〕だい

4 たくやさんは かたつむりを **5** ひき とりました。まさみさんは **4** ひき とりました。あわせると なんびきに なるでしょう。[20てん]

しき 〔　　　　　　　〕　こたえ 〔　　〕ひき

テストにでるもんだい②

こたえ → べっさつ9ページ
じかん**10**ぷん

1 たしざんを しましょう。[5てんずつ…ごうけい30てん]

(1) 4+2= ☐　　　(2) 1+7= ☐　　　(3) 6+2= ☐

(4) 3+4= ☐　　　(5) 5+5= ☐　　　(6) 7+3= ☐

2 すずめが 2わ とまって います。そこへ 3ば とんで きました。みんなで なんばに なるでしょう。[15てん]

しき〔　　　　　　　〕こたえ〔　　〕わ

3 あかい はなが 5ほん, しろい はなが 3ぼん さきました。みんなで なんぼん さいて いるでしょう。[15てん]

しき〔　　　　　　　〕こたえ〔　　〕ほん

4 かさたてに, かさが 6ぽん はいって います。あと 4ほん いれます。
　ぜんぶで なんぼんに なるでしょう。

[20てん]

しき〔　　　　　　　〕こたえ〔　　〕ぽん

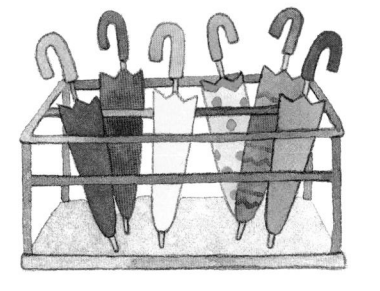

5 かえるが, はすの はの うえに 3びき, みずの なかに 6ぴき います。あわせて なんびき いるでしょう。[20てん]

しき〔　　　　　　　〕こたえ〔　　〕ひき

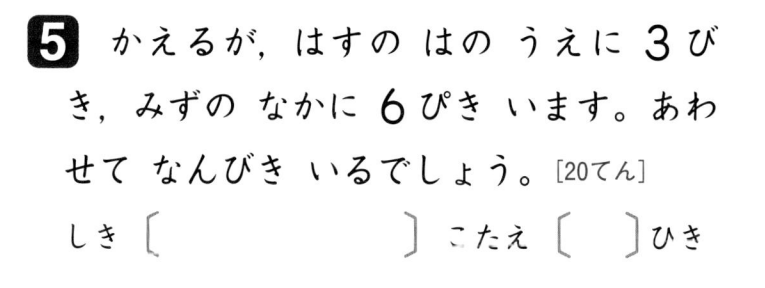

かず あわせ

こたえ → 126 ページ

▷ こたえが おなじに なる カードを せんで つなぎましょう。

5 ひきざん（1）

学習のねらい

－ の記号の意味や，
1けたの数のひき算を勉強します。

きょうかしょ
のまとめ

☆ のこりは いくつ

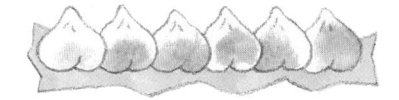

2こ たべると なんこ
のこるでしょう。

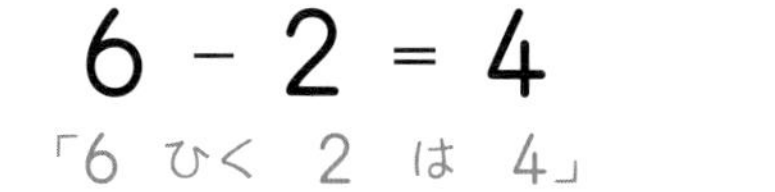

6 から 2 を とると 4
に なります。

$$6 - 2 = 4$$
「6 ひく 2 は 4」

こたえ 4こ

☆ ちがいは いくつ

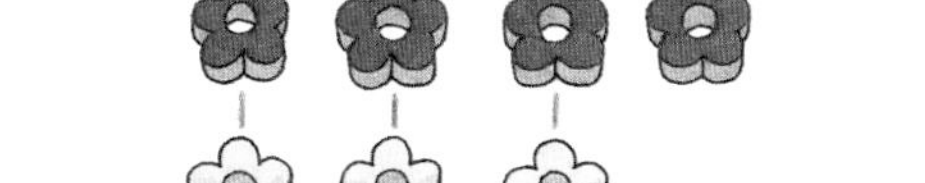

りんごのほうが なんこ
おおいでしょう。

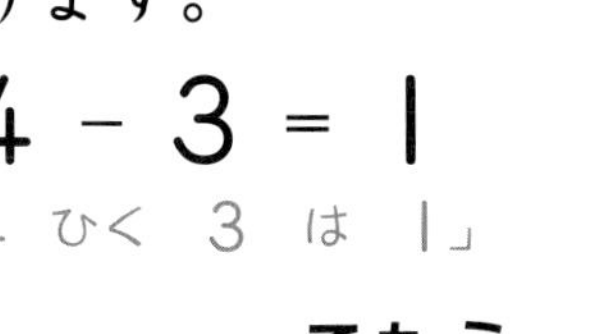

4 から 3 を ひくと 1 に
なります。

$$4 - 3 = 1$$
「4 ひく 3 は 1」

こたえ 1こ

1 ひきざん

もとに なる ことがら

10までの ひきざんを します。

5−3, 10−4, 0 の ひきざんを しましょう。

○ **のこりは いくつ**

3こ たべると なんこ

のこるでしょう。

しき　5 − 3 = 2　　こたえ　2こ

　　　「5　ひく　3　は　2」

○ **ちがいは いくつ**

あかい はなのほうが

なんぼん おおいでしょう。

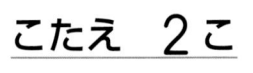

しき　10 − 4 = 6　　こたえ　6ぽん

　　　「10　ひく　4　は　6」

○ **0の ひきざん**

ひだりのほうが いくつ おおいでしょう。

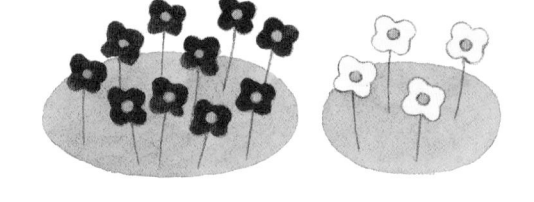

きょうかしょのドリル

こたえ → べっさつ10ページ

1 のこりは いくつでしょう。しきに かきましょう。

（1） 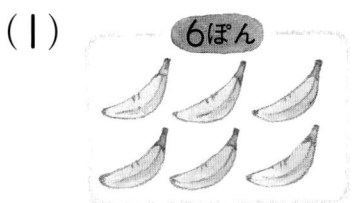 3ぼん たべる。

$$6 - 3 = \boxed{}$$

（2）  2わ とんで いく。

$$\boxed{} - \boxed{} = \boxed{}$$

（3） 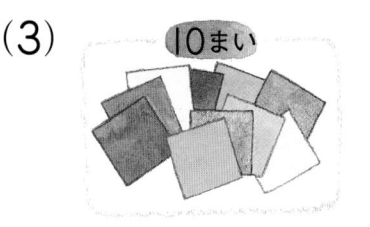 7まい つかう。

$$\boxed{} - \boxed{} = \boxed{}$$

（4） 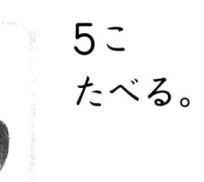 5こ たべる。

$$\boxed{} - \boxed{} = \boxed{}$$

2 ちがいは いくつでしょう。しきに かきましょう。

（1）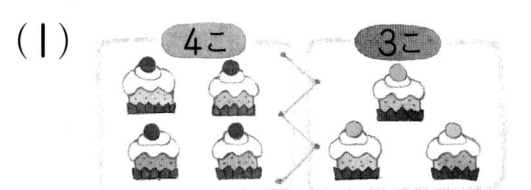

$$\boxed{} - \boxed{} = \boxed{}$$

（2）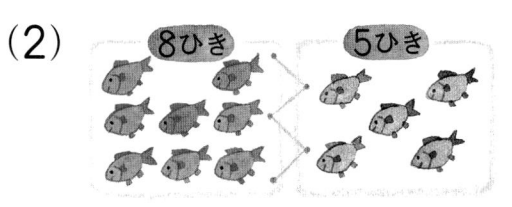

$$\boxed{} - \boxed{} = \boxed{}$$

3 ひきざんを しましょう。

（1） $3-1=$ 　　（2） $5-4=$ 　　（3） $7-5=$

（4） $6-3=$ 　　（5） $8-7=$ 　　（6） $10-3=$

（7） $2-2=$ 　　（8） $8-0=$ 　　（9） $0-0=$

1 しきと こたえを かきましょう。[15てんずつ…ごうけい30てん]

(1) 3こ たべると
のこりは なんこ
でしょう。

☐ － ☐ ＝ ☐

こたえ 〔　〕こ

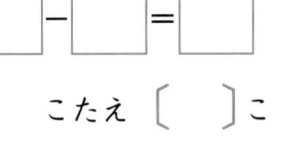

7こ

(2) あかい はなの
ほうが なんぼん
おおいでしょう。

☐ － ☐ ＝ ☐

こたえ 〔　〕ほん

5ほん　　3ぼん

2 ひきざんを しましょう。[5てんずつ…ごうけい30てん]

(1) 7－4＝ ☐　　(2) 8－1＝ ☐　　(3) 10－5＝ ☐

(4) 9－2＝ ☐　　(5) 10－2＝ ☐　　(6) 6－3＝ ☐

3 おんなのこが 6にん, おとこの
こが 3にん あそんで います。お
んなのこは, おとこのこより なん
にん おおいでしょう。[20てん]

しき 〔　　　　　　　〕

こたえ 〔　〕にん

4 はがきが 10まい あります。8ま
い つかうと, のこりは なんまいでし
ょう。[20てん]

しき 〔　　　　　〕　こたえ 〔　〕まい

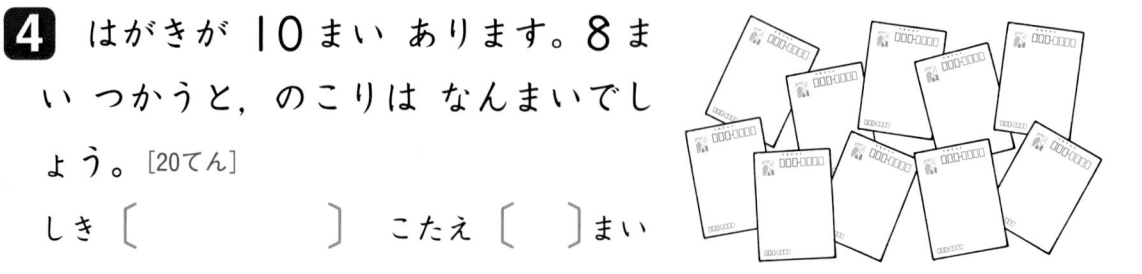

1 ひきざんを しましょう。[5てんずつ…ごうけい30てん]

(1) 9−8 = ☐　　(2) 6−4 = ☐　　(3) 8−3 = ☐

(4) 7−4 = ☐　　(5) 10−7 = ☐　　(6) 10−4 = ☐

2 おとぎばなしの ほんが 5 さつ, むか
しばなしの ほんが 2 さつ あります。
　おとぎばなしのほうが なんさつ おお
いでしょう。[15てん]

しき〔　　　　　　〕 こたえ〔　　〕さつ

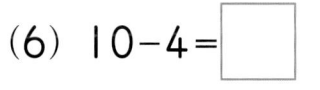

3 せっけんが 6 こ あります。
　4 こ つかうと のこりは なんこに
なるでしょう。[15てん]

しき〔　　　　　　〕 こたえ〔　　〕こ

4 あかい はなが 9 ほん, しろい は
なが 4 ほん さきました。
　ちがいは なんぼんでしょう。[20てん]

しき〔　　　　　　〕 こたえ〔　　〕ほん

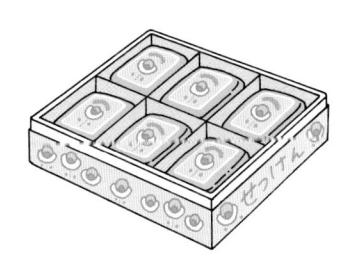

5 ケーキを 10 こ かいました。
　6 こ たべると, なんこ のこるでしょ
う。[20てん]

しき〔　　　　　　〕 こたえ〔　　〕こ

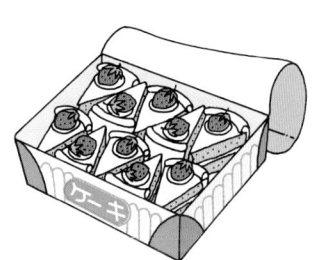

しきは どれ？

こたえ → 126 ページ

① こたえに あう しきを ◯ で かこみましょう。

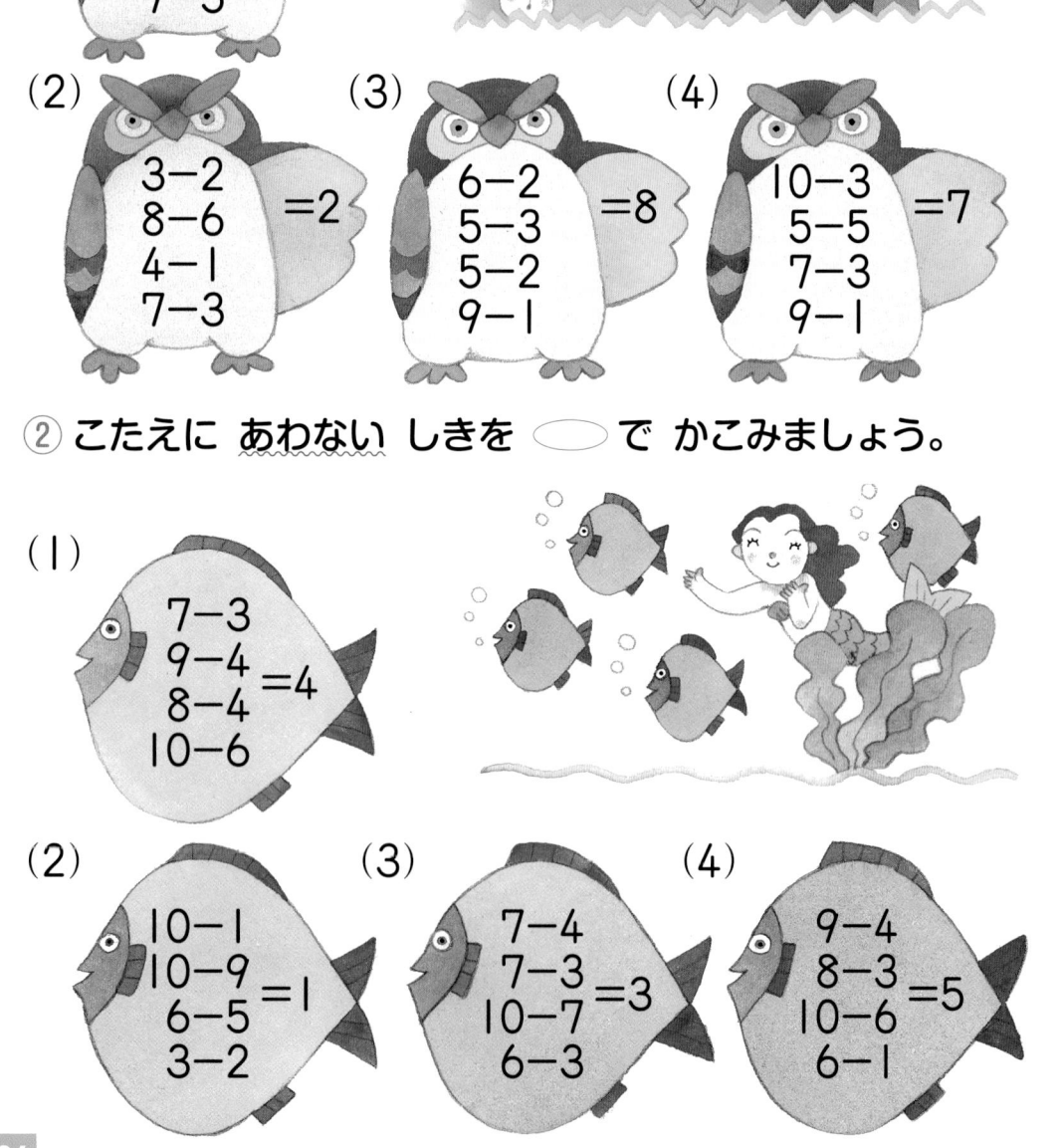

（1）
9−3
4−2
2−1
7−5
=6

（2）
3−2
8−6
4−1
7−3
=2

（3）
6−2
5−3
5−2
9−1
=8

（4）
10−3
5−5
7−3
9−1
=7

② こたえに あわない しきを ◯ で かこみましょう。

（1）
7−3
9−4
8−4
10−6
=4

（2）
10−1
10−9
6−5
3−2
=1

（3）
7−4
7−3
10−7
6−3
=3

（4）
9−4
8−3
10−6
6−1
=5

6 10より おおきい かず

学習のねらい

ここでは，20までの数の読み方・書き方，
数の並び方，および数の構成などについて勉強します。

きょうかしょ
のまとめ

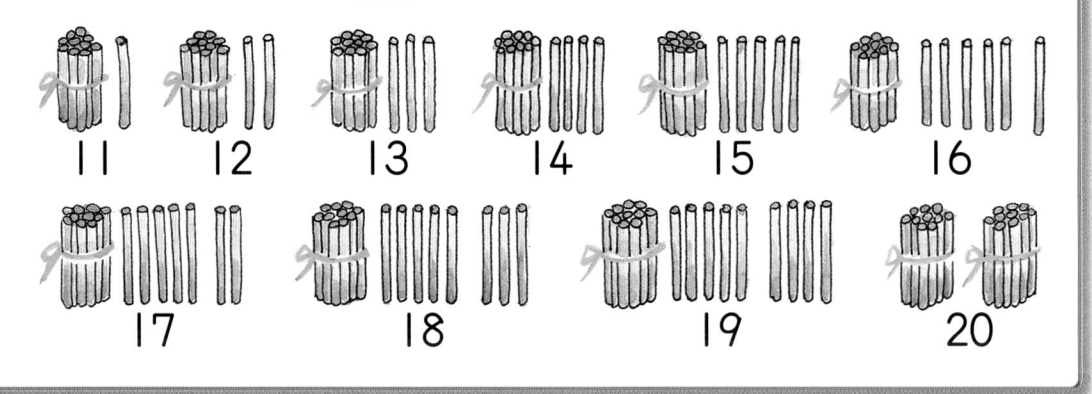

11　12　13　14　15　16

17　18　19　20

もとに なる ことがら

20までの かずの かぞえかた, よみかた, かきかたを
おぼえましょう。

⚫ ヘリコプターは なんき あるでしょう。

ヘリコプターは 12き あります。

① かぞえて かずを かきましょう。

 → 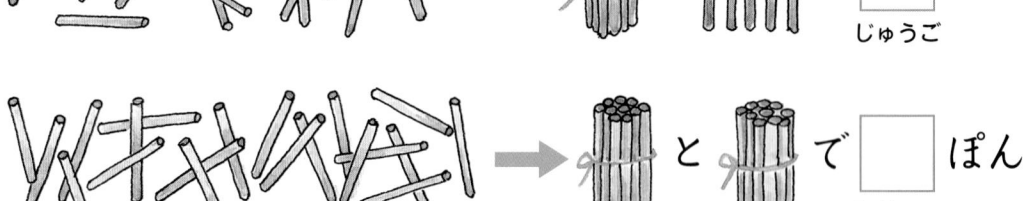 と [   ] ほん
じゅうご

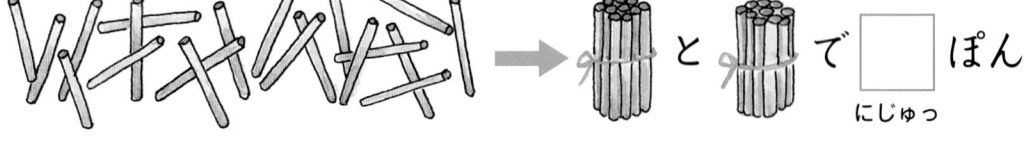 で [   ] ぽん
にじゅっ

② [   ] に あてはまる かずを かきましょう。

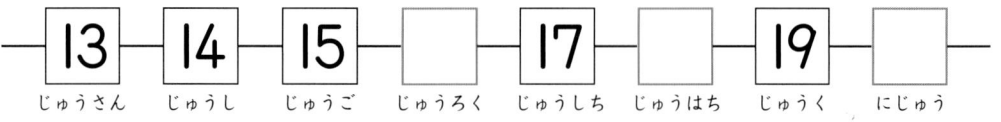

13	14	15		17		19	
じゅうさん	じゅうし	じゅうご	じゅうろく	じゅうしち	じゅうはち	じゅうく	にじゅう

こたえ ➡ べっさつ11ページ

きょうかしょのドリル

こたえ → べっさつ11ページ

1 えを かぞえて、かずを ○で かこみましょう。

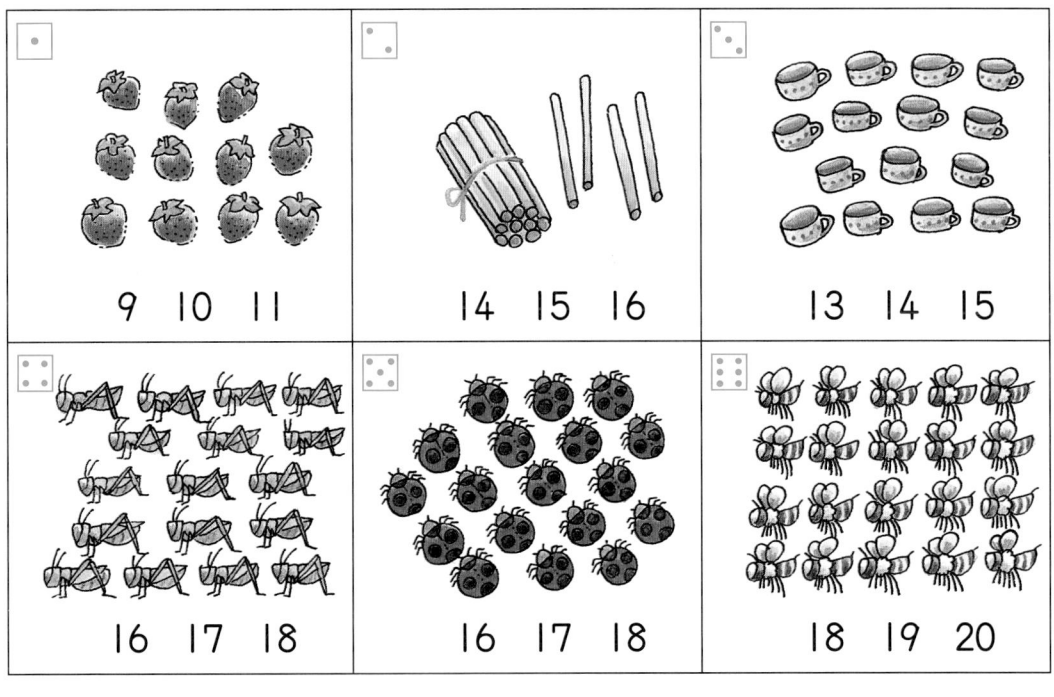

9 10 11	14 15 16	13 14 15
16 17 18	16 17 18	18 19 20

2 えを かぞえて、かずを かきましょう。

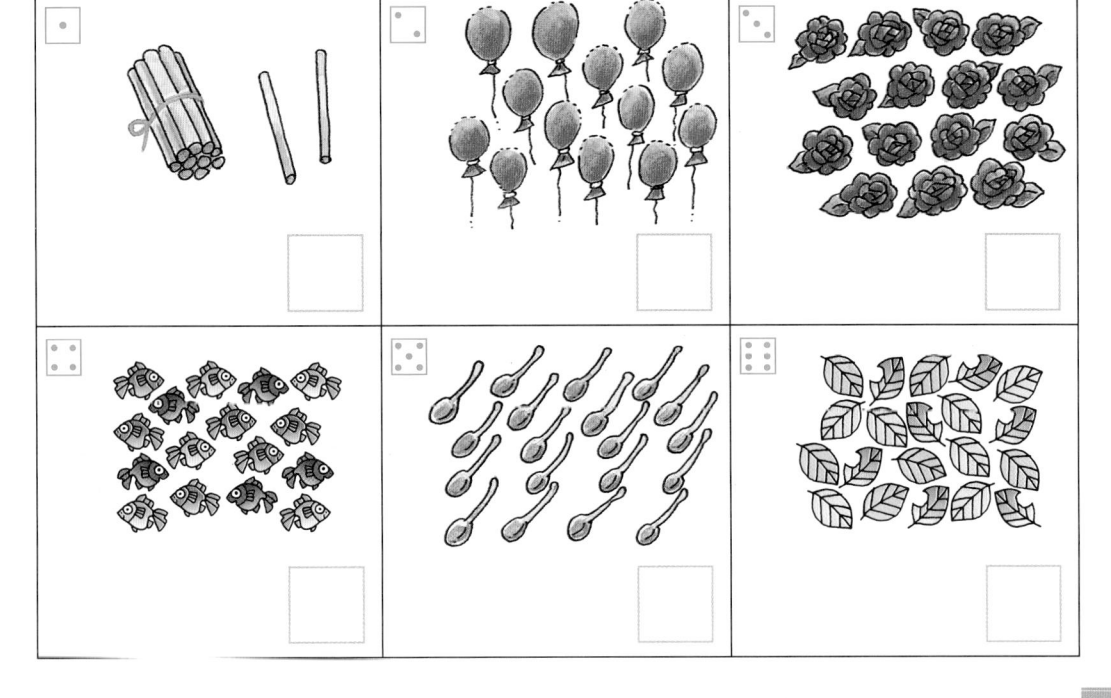

1 かずを すうじで かきましょう。［15てんずつ…ごうけい30てん］

（1）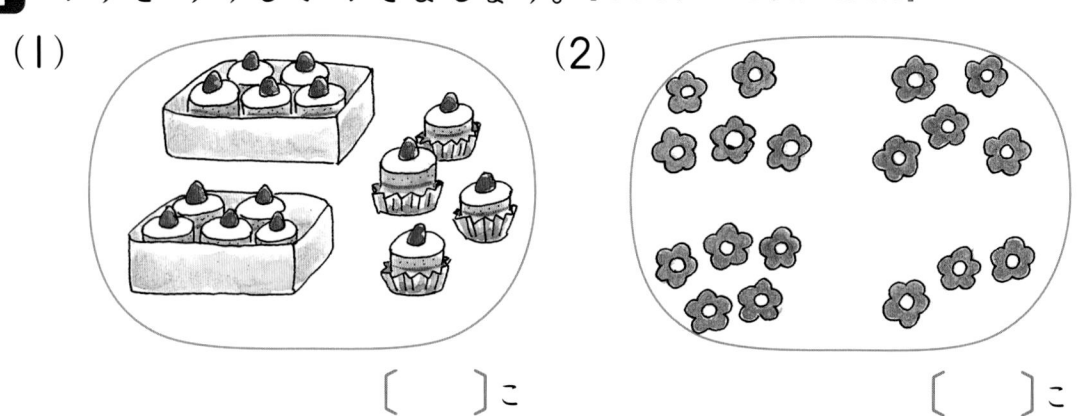

〔　　　〕こ

（2）

〔　　　〕こ

2 つぎの もんだいに こたえましょう。

（1） ●は, なんこ あるでしょう。
［10てん］ 〔　　　〕こ

（2） ▲は, なんこ あるでしょう。
［10てん］ 〔　　　〕こ

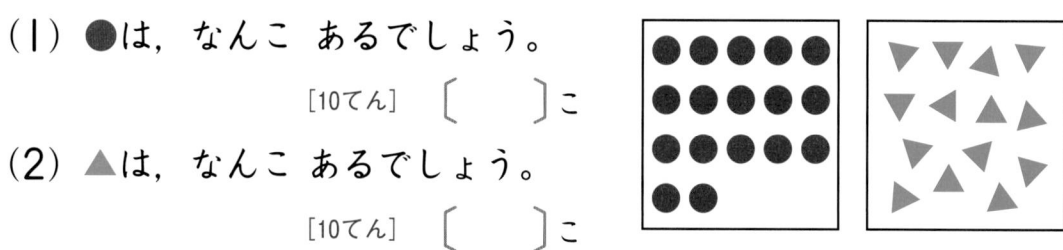

（3） ●と ▲では, どちらが おおいでしょう。［10てん］

〔　　　〕のほうが おおい

3 □に あてはまる かずを いれましょう。［10てんずつ…ごうけい20てん］

（1） 14 ―□― 16

（2） □―19―18

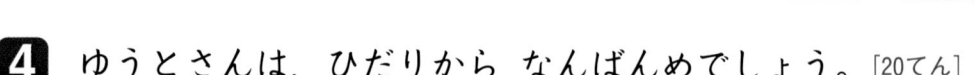

4 ゆうとさんは, ひだりから なんばんめでしょう。［20てん］

ゆうと

〔　　　〕ばんめ

テストにでるもんだい②

こたえ → べっさつ12ページ
じかん10ぷん

とくてん　　　てん

1

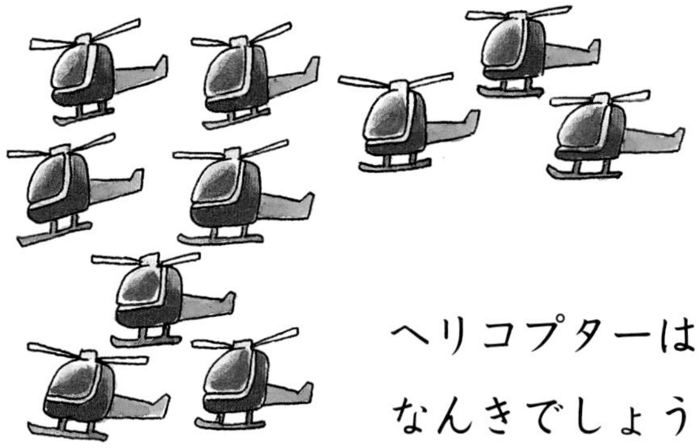

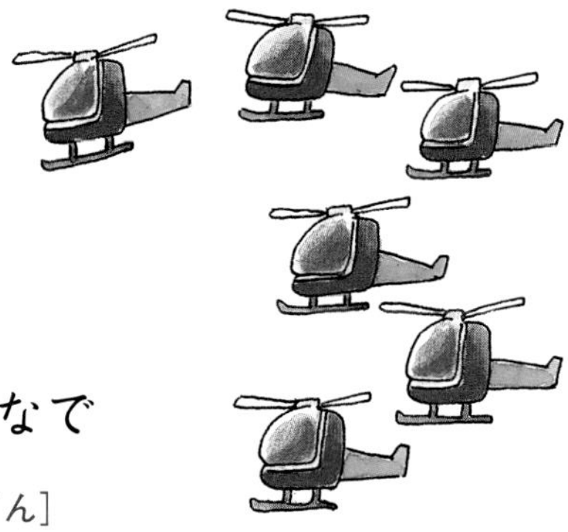

ヘリコプターは みんなで なんきでしょう。［10てん］

〔　　　〕き

2 せんで つなぎましょう。［10てんずつ…ごうけい20てん］

(1)

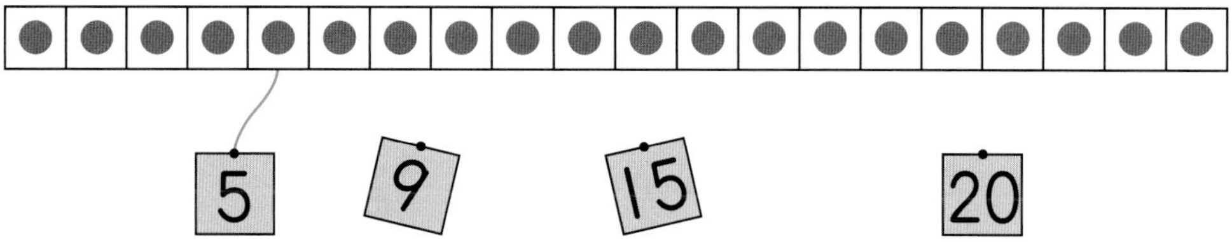

5
9
15
20

(2)

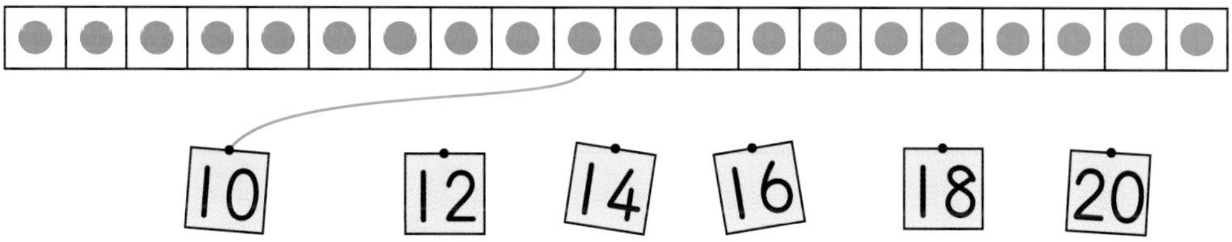

10
12
14
16
18
20

3 □に あてはまる かずを かきましょう。［10てんずつ…ごうけい40てん］

(1) 10と2で □　　(2) 10と10で □

(3) 16は10と □　　(4) 19は10と □

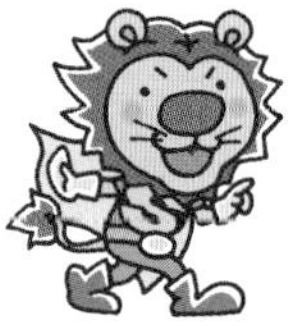

4 おおきいほうを ○で かこみましょう。［10てんずつ…ごうけい30てん］

(1) 9　10　　(2) 20　18　　(3) 10　15

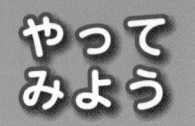

かずのせん

こたえ → 127ページ

▷ かずのせんを つかって，いろいろなことを かんがえて みましょう。

① どこまで すすんだでしょうか。

0 1 2 3 4 5 6 7 8 9 10 11 12 13 14 15 16 17 18 19 20

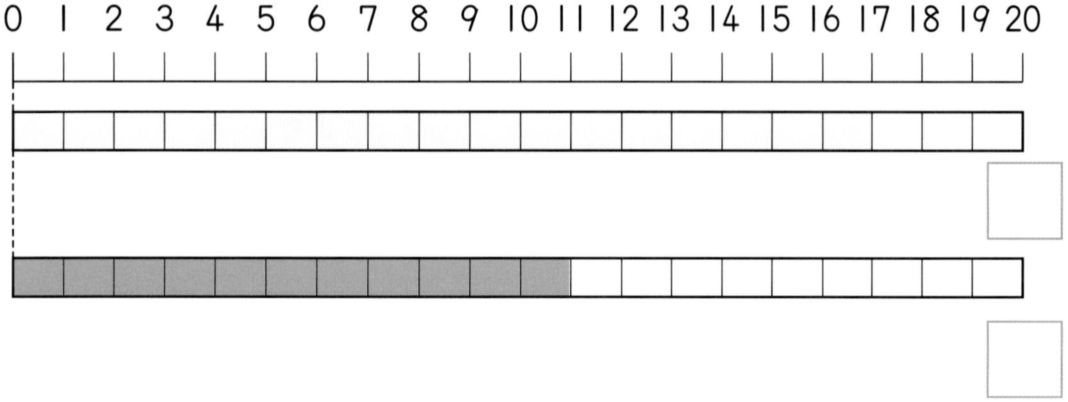

② どこから どこまで すすんだでしょうか。

0 1 2 3 4 5 6 7 8 9 10 11 12 13 14 15 16 17 18 19 20

□ から □ まで

□ から □ まで

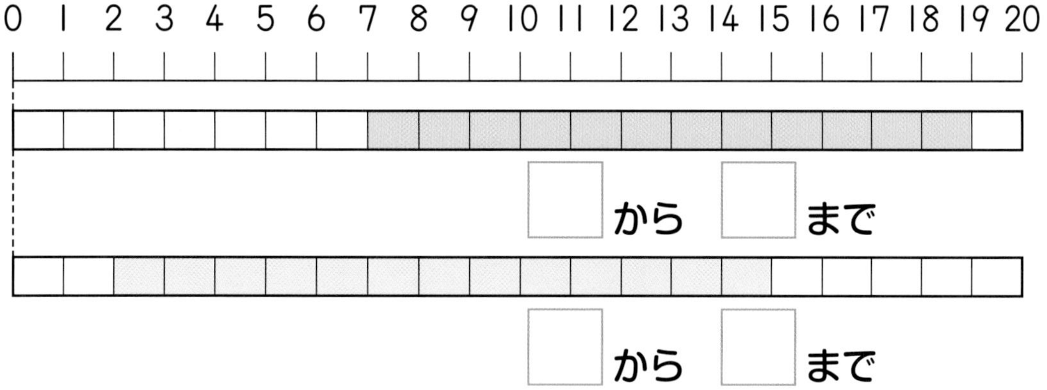

③ □ に はいる かずを かきましょう。

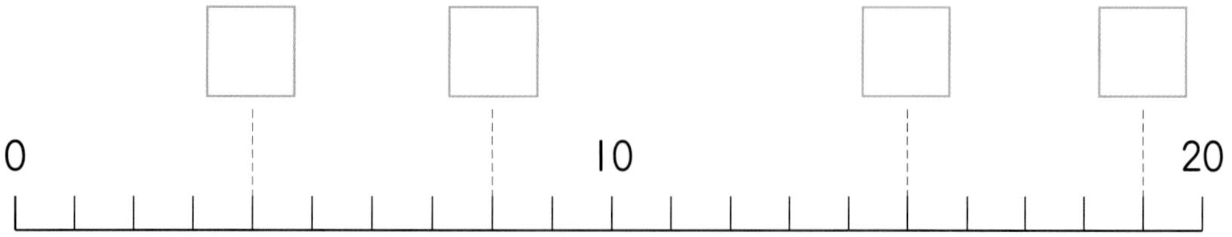

0   10   20

7 たしざんと ひきざん（1）

学習のねらい

13+2, 17−3のような
たし算・ひき算を勉強します。

きょうかしょ
のまとめ→

あわせて
なんこ？

13こ

2こ

13

2

$$13+2=15$$

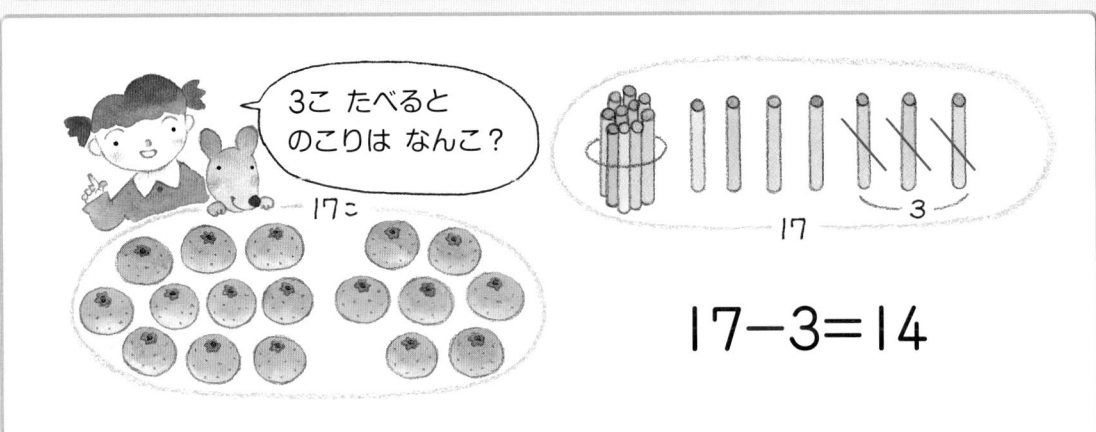

3こ たべると
のこりは なんこ？

17こ

17

3

$$17-3=14$$

1 たしざんと ひきざん

もとに なる ことがら

13+2=15, 17-3=14 のような けいさんを し
ましょう。

⭕ あわせて なんこでしょう。

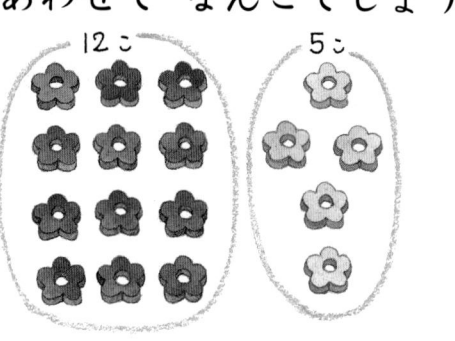

$$12 + 5 = 17$$

こたえ　17こ

❶ たしざんを しましょう。

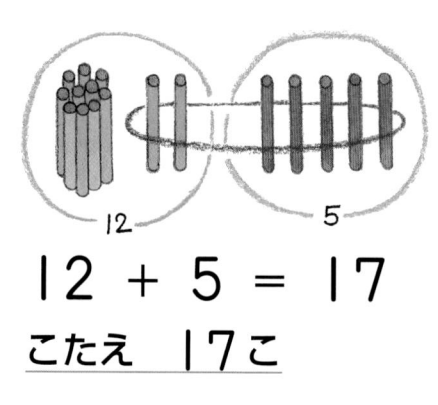

$14+3=\boxed{}$

⭕ 3こ たべると なんこ のこるでしょう。

$$14 - 3 = 11$$　　こたえ　11こ

❷ ひきざんを しましょう。

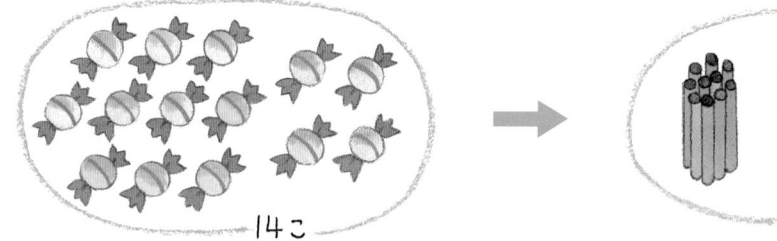

$19-3=\boxed{}$

こたえ → べっさつ12ページ

きょうかしょのドリル

こたえ → べっさつ12ページ

1 いくつに なるでしょう。

(1) 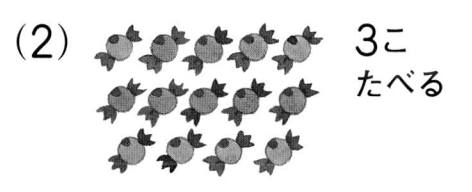 5ほん
ふえる

$$13 + \boxed{} = \boxed{}$$

こたえ （　　）ほん

(2) 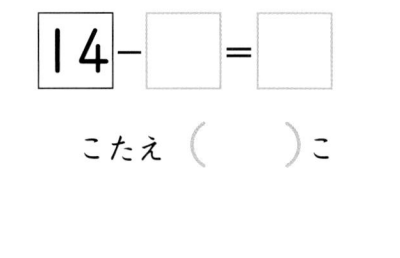 3こ
たべる

$$14 - \boxed{} = \boxed{}$$

こたえ （　　）こ

2 おはじきが あります。

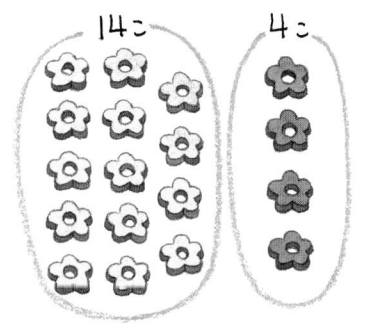

14こ　　4こ

(1) あわせて なんこ あるでしょう。

$$\boxed{} + \boxed{} = \boxed{}$$

こたえ （　　）こ

(2) きいろの ほうが なんこ おおいでしょう。

$$\boxed{} - \boxed{} = \boxed{}$$

こたえ （　　）こ

3 たしざん, ひきざんを しましょう。

(1) $15 + 3 = \boxed{}$　　(2) $12 + 4 = \boxed{}$

(3) $14 + 5 = \boxed{}$　　(4) $10 + 7 = \boxed{}$

(5) $17 - 2 = \boxed{}$　　(6) $15 - 1 = \boxed{}$

(7) $13 - 3 = \boxed{}$　　(8) $19 - 9 = \boxed{}$

こたえ ➡ べっさつ13ページ
じかん10ぷん

とくてん [ ] てん

1 たしざんを しましょう。[5てんずつ…ごうけい30てん]

(1) 14＋3＝ [ ]

(2) 10＋8＝ [ ]

(3) 17＋2＝ [ ]

(4) 11＋6＝ [ ]

(5) 13＋3＝ [ ]

(6) 15＋2＝ [ ]

2 あかい こいが 12ひき, くろい こいが 3びき います。

こいは みんなで なんびき いるでしょう。[20てん]

[ ]＋[ ]＝[ ]

こたえ〔　　　〕ひき

3 ひきざんを しましょう。[5てんずつ…ごうけい30てん]

(1) 19－1＝ [ ]

(2) 18－6＝ [ ]

(3) 12－2＝ [ ]

(4) 14－3＝ [ ]

(5) 15－2＝ [ ]

(6) 17－3＝ [ ]

4 こうえんで, こどもが 16にん あそんで います。

5にん かえると, のこりは なんにんでしょう。[20てん]

[ ]－[ ]＝[ ]

こたえ〔　　　〕にん

1 たしざんを しましょう。[5てんずつ…ごうけい30てん]

(1) 17+1 = [　]

(2) 14+2 = [　]

(3) 10+5 = [　]

(4) 11+5 = [　]

(5) 12+6 = [　]

(6) 17+2 = [　]

2 15にんで あそんで いました。
そこへ 3にん きました。
なんにんに なったでしょう。
[20てん]

[　] + [　] = [　]

こたえ 〔　　　〕にん

3 ひきざんを しましょう。[5てんずつ…ごうけい30てん]

(1) 17−5 = [　]

(2) 16−5 = [　]

(3) 18−8 = [　]

(4) 12−1 = [　]

(5) 14−2 = [　]

(6) 17−4 = [　]

4 あかの いろがみが 16まい, み
どりの いろがみが 4まい あります。
あかのほうが, なんまい おおい
でしょう。[20てん]

[　] − [　] = [　]

こたえ 〔　　　〕まい

かずで つなごう

こたえ → 126 ページ

▷ よしきさんの もっている カードも なぎささんの もっている
カードも, ちょっと へんです。ちゃんとした しきと こたえ
に なるように はしに かずを いれましょう。

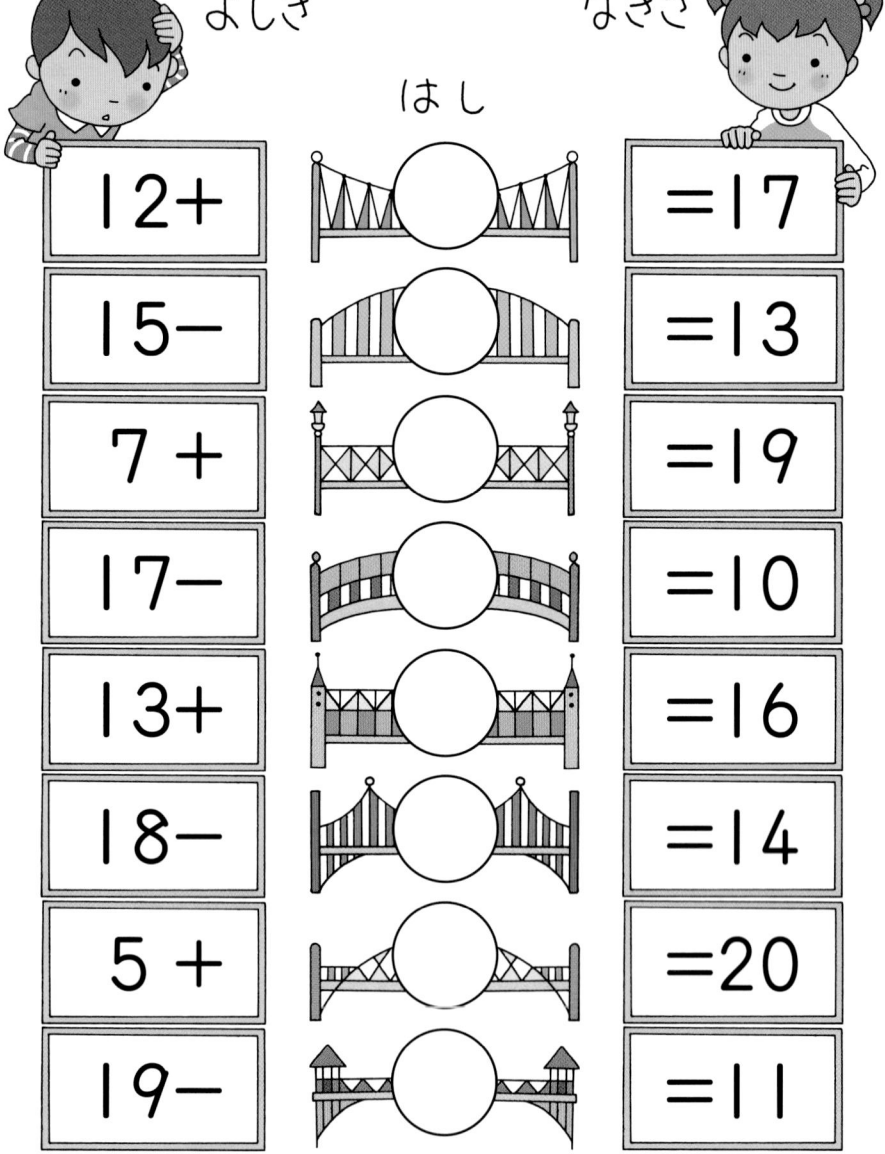

よしき　　　　　　　　　なぎさ

はし

12+	○	=17
15−	○	=13
7 +	○	=19
17−	○	=10
13+	○	=16
18−	○	=14
5 +	○	=20
19−	○	=11

8 おおきさ くらべ

学習のねらい

長さ，かさ（体積），広さ（面積）
のくらべ方を勉強します。

きょうかしょ
のまとめ

なが さ

か さ

ひろ さ

1 おおきさ くらべ

1 ながい ほうに ○を つけましょう。

（1）
あ（　　）
い（　　）
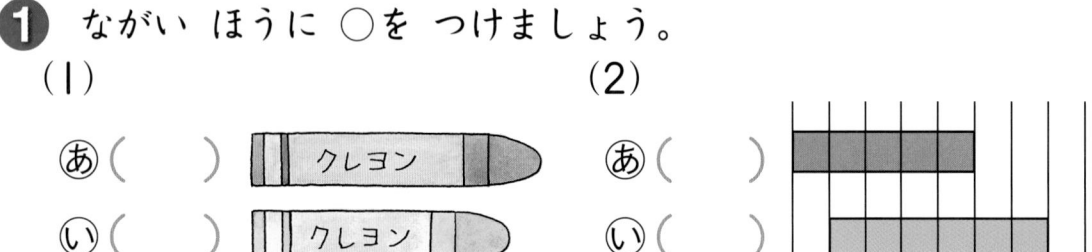

（2）
あ（　　）
い（　　）
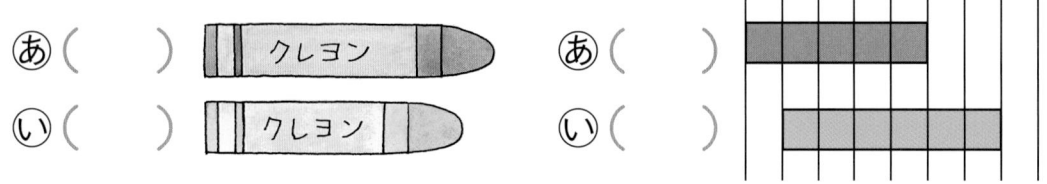

2 みずが たくさん はいって いる ほうに ○を つけましょう。

（1）
あ（　　）　　　い（　　）

（2）
あ（　　）　　　い（　　）

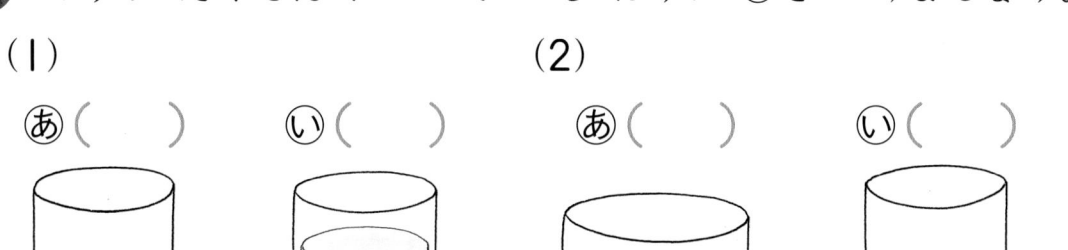

3 ばしょとりあそびを しました。どちらが おおく とったで
しょう。
（　　　　）

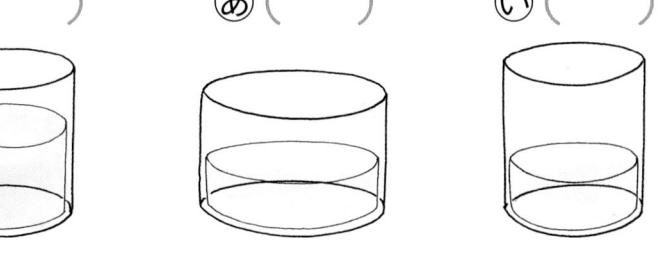

こたえ → べっさつ14ページ

きょうかしょのドリル

こたえ → べっさつ15ページ

1 ながい ものから じゅんに, 1, 2, 3 と ばんごうを つけましょう。

( )

( )

( )

2 いれものに はいっていた みずを コップに うつしました。みずが おおく はいる じゅんに, 1, 2, 3, 4 と ばんごうを つけましょう。

3 ⓐとⓘの けいじばんでは, どちらが ひろいでしょう。

ⓐ

ⓘ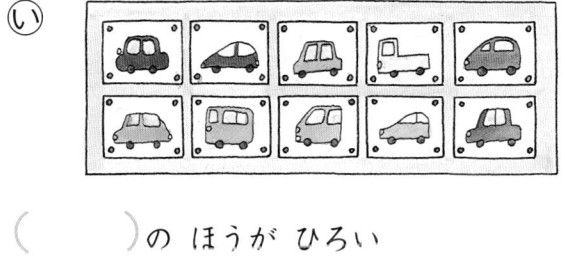

( )の ほうが ひろい

1 いちばん ながいものに ○を つけましょう。
いちばん みじかいものに ×を つけましょう。

[20てんずつ…ごうけい80てん]

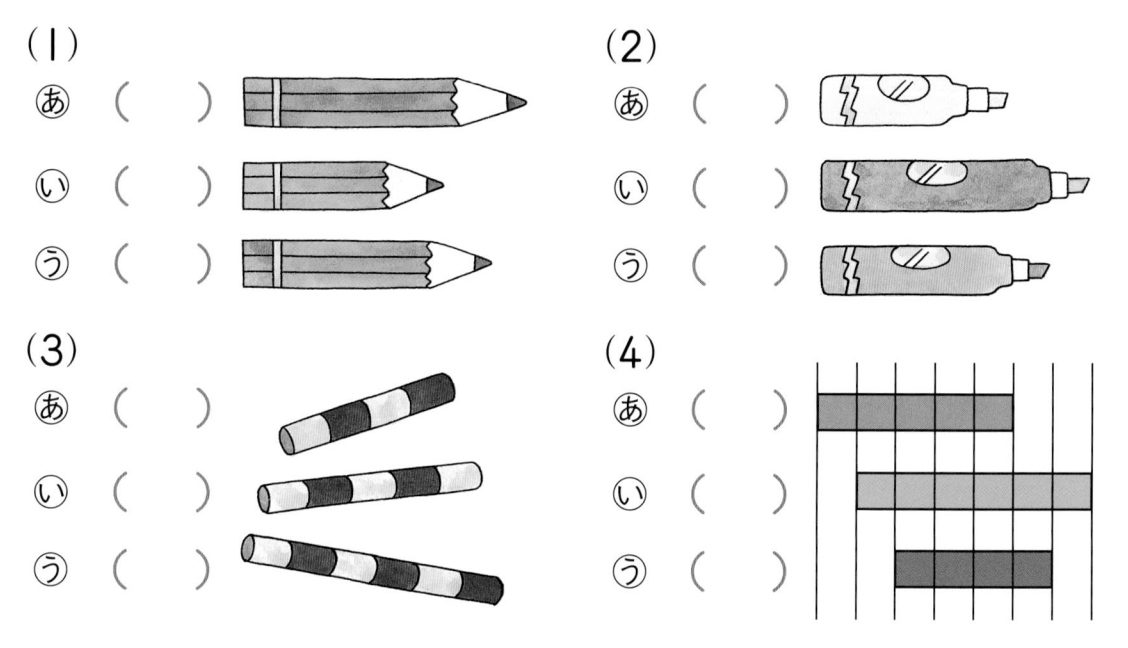

（1）
- あ （　）
- い （　）
- う （　）

（2）
- あ （　）
- い （　）
- う （　）

（3）
- あ （　）
- い （　）
- う （　）

（4）
- あ （　）
- い （　）
- う （　）

2 いれものの なかに みずを いれ,
それを コップに うつしました。

いちばん たくさん はいる いれものに ○を つけましょう。
いちばん すくないものに ×を つけましょう。 [20てん]

テストにでるもんだい②

こたえ → べっさつ15ページ
じかん **10**ぷん

1 いちばん ながいものに ○を つけましょう。
いちばん みじかいものに ×を つけましょう。

[30てんずつ…ごうけい60てん]

(1)
あ（　）
い（　）
う（　）

(2)
あ（　）
い（　）
う（　）

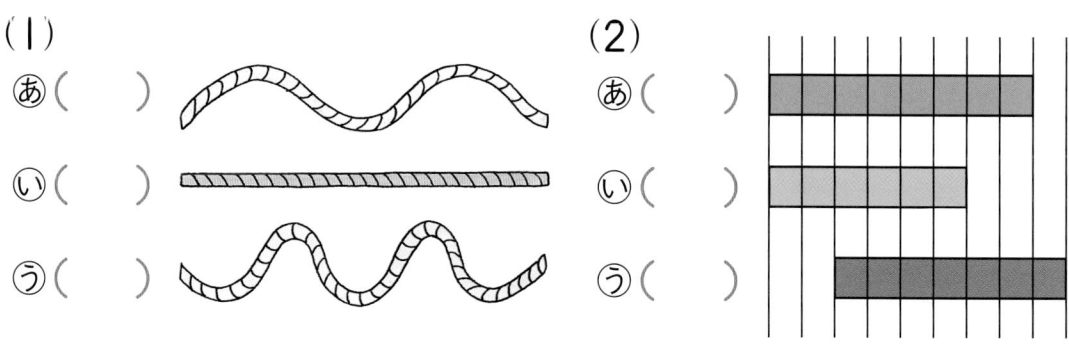

2 コップに みずを いれました。みずが いちばん おおく はいって いたのは、あ、い、うの どれでしょう。[20てん]

あ　　　　　い　　　　　う

〔　　　〕

3 あかく ぬった とこ
ろと、あおく ぬった
ところとでは、どちら
が ひろいでしょう。

[20てん]

〔　　　　　〕ぬったほう

かさなる ものは どれ？

こたえ → **126** ページ

▷ ひだりの かたちと ぴったりかさなる ものを みつけましょう。

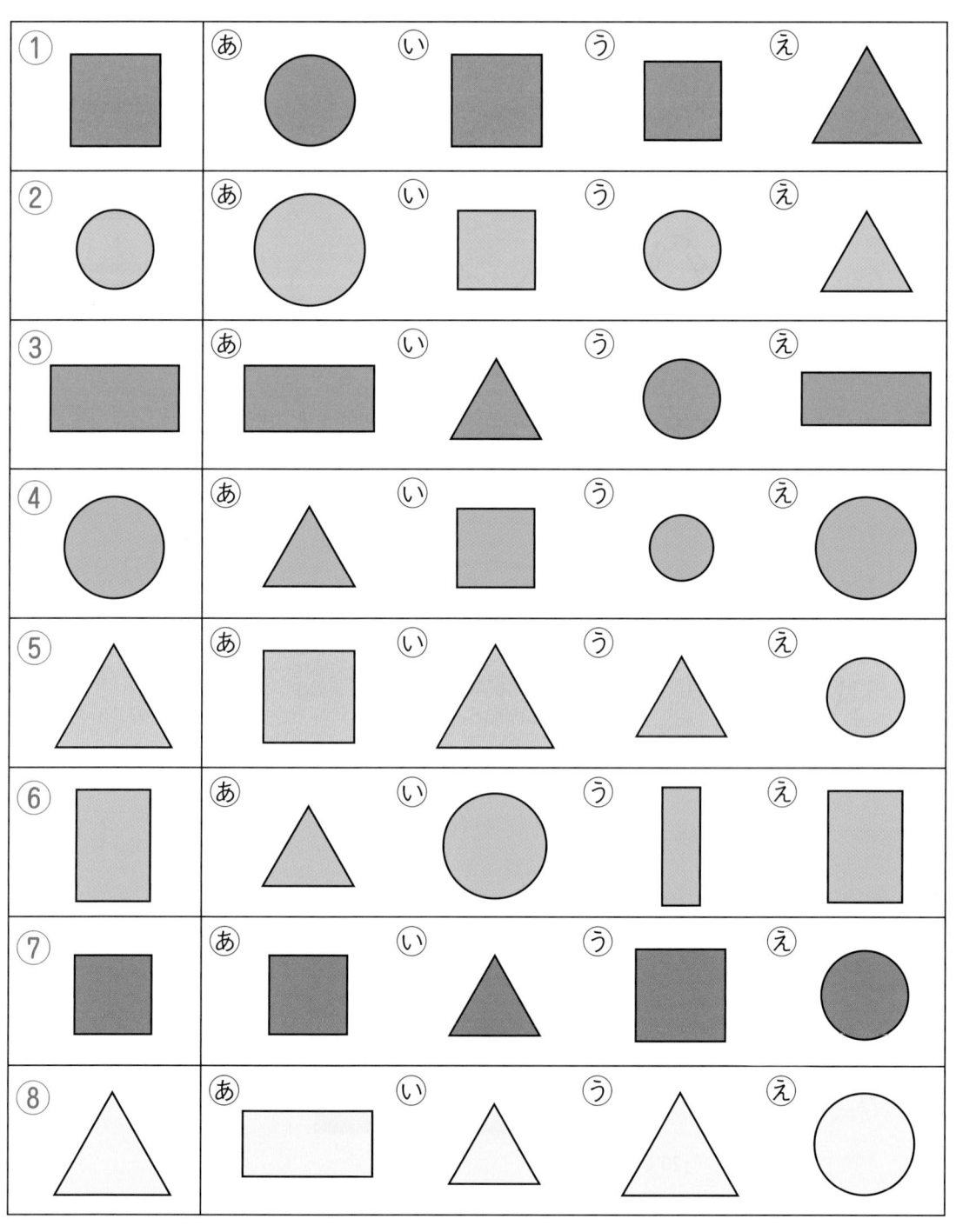

9 3つの かずの けいさん

★ みんなで なんにん のって いるでしょう。

$5+5+3=13$　　　　こたえ　13にん

★ 10にん のって いました。
4にん おりました。
3にん のりました。
なんにん のって いるで
しょう。

$10-4+3=9$　　　こたえ　9にん

1 つづけて たす，つづけて ひく

もとに なる ことがら

「つづけて たす」，「つづけて ひく」の けいさんを します。

1 こどもが 6 にん あそんで います。そこへ 4 にん きました。さらに 3 にん きました。

こどもは みんなで なんにんに なったでしょう。

$$6+4+3=\boxed{}$$

こたえ（　　）にん

2 ちゅうしゃじょうに じどうしゃが 6 だい とまって います。2 だい でて いきました。つぎに 3 だい でて いきました。

なんだい のこって いるでしょう。

$$6-2-3=\boxed{}$$

こたえ（　　）だい

こたえ → べっさつ16ページ

きょうかしょのドリル

こたえ → べっさつ16ページ

①

4ひき　　　3びき　　　2ひき

うさぎは みんなで なんびきに なるでしょう。

□ + □ + □ = □　　　　　こたえ（　　）ひき

② たしましょう。

(1) 2+1+3 = □　　　(2) 5+2+1 = □

(3) 1+6+3 = □　　　(4) 4+2+3 = □

(5) 3+7+1 = □　　　(6) 8+2+5 = □

③ たまごは なんこ のこって
いるでしょう。

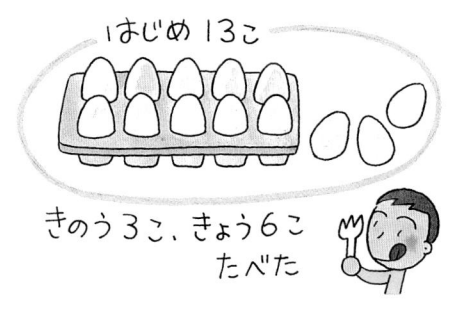

はじめ 13こ

きのう3こ、きょう6こ
たべた

□ - □ - □ = □

こたえ（　　）こ

④ ひきましょう。

(1) 9-3-5 = □　　　(2) 10-2-4 = □

(3) 7-3-1 = □　　　(4) 6-3-2 = □

(5) 12-2-3 = □　　　(6) 15-5-4 = □

2 ひいて たす, たして ひく

もとに なる ことがら

「ひいて たす」,「たして ひく」の けいさんを します。

❶ こどもが 10にん のって いました。

5にん おりて, 4にん のりました。

のっている こどもは なんにんに なったでしょう。

$10-5+4=\boxed{}$　　　　　　こたえ（　　）にん

❷ くりひろいを しました。

はじめに 6こ, つぎに 3こ
ひろいました。

　ともだちに 4こ あげると,
なんこ のこるでしょう。

$6+3-4=\boxed{}$

こたえ（　　）こ

こたえ → べっさつ17ページ

58　9　3つの かずの けいさん

きょうかしょのドリル

こたえ → べっさつ17ページ

1 ゆうとさんは えはがきを 10まい もって いました。そのうち 4まい いもうと に あげました。あとで お ばさんから 2まい もらい ました。

ゆうとさんの えはがきは なんまいに なったでしょう。

□ − □ + □ = □

こたえ（　　）まい

2 ひいてから たしましょう。

(1) 9−5+3=□　　(2) 8−6+3=□

(3) 17−7+2=□　　(4) 10−8+3=□

3 きってが 6まい ありました。きょう 4まい かって きました。

8まい つかうと, なんまい のこるでしょう。

□ + □ − □ = □

こたえ（　　）まい

4 たしてから ひきましょう。

(1) 5+4−3=□　　(2) 8+2−6=□

(3) 7+3−8=□　　(4) 3+6−2=□

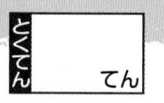

1 けいさんを しましょう。[5てんずつ…ごうけい30てん]

(1) 2+3+4＝[   ]　　(2) 7+2+1＝[   ]

(3) 4+6+10＝[   ]　　(4) 8-1-4＝[   ]

(5) 10-2-3＝[   ]　　(6) 12-2-4＝[   ]

2 けいさんを しましょう。[5てんずつ…ごうけい30てん]

(1) 9-4+3＝[   ]　　(2) 13-3+6＝[   ]

(3) 10-8+4＝[   ]　　(4) 4+6-5＝[   ]

(5) 5+4-3＝[   ]　　(6) 10+5-2＝[   ]

3 いろがみを 4まい もって いました。
おねえさんから 5まい もらいました。
　いもうとに 3まい あげました。
　いろがみは なんまい のこって いるで
しょう。[20てん]　　　　〔　　　〕まい

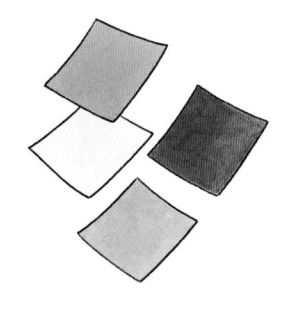

4 はとが 13ば いました。
3ば とんで いきました。
また 4わ とんで いきました。
のこりは なんばに なったでし
ょう。[20てん]　　　　〔　　　〕わ

1 けいさんを しましょう。[10てんずつ…ごうけい40てん]

(1) 10+4+3= [　　]

(2) 8-2-4= [　　]

(3) 10-6+3= [　　]

(4) 10+6-3= [　　]

2 5にんで あそんで いました。
そこへ おとこのこが 5にんと,
おんなのこが 6にん きました。
　みんなで なんにんに なった
でしょう。[20てん]

〔　　　〕にん

3 いろがみが 3まい ありました。
きょう 7まい もらいました。
　8まい つかうと なんまい
のこるでしょう。[20てん]

〔　　　〕まい

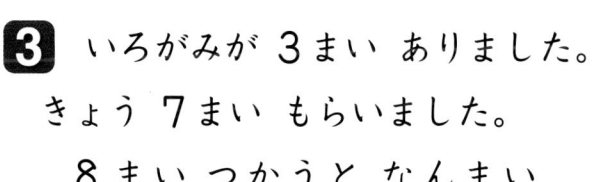

4 きのう 10こ あった たまごのうち,
6こ たべました。
　きょう にわとりが 4こ うみました。
たまごは なんこに なったでしょう。

〔　　　〕こ　　　[20てん]

やってみよう タイルの かずは？

こたえ → 127ページ

▷ したの れいの ように，タイルの かずを しきに あらわして，なんまい あるか もとめましょう。

（れい）

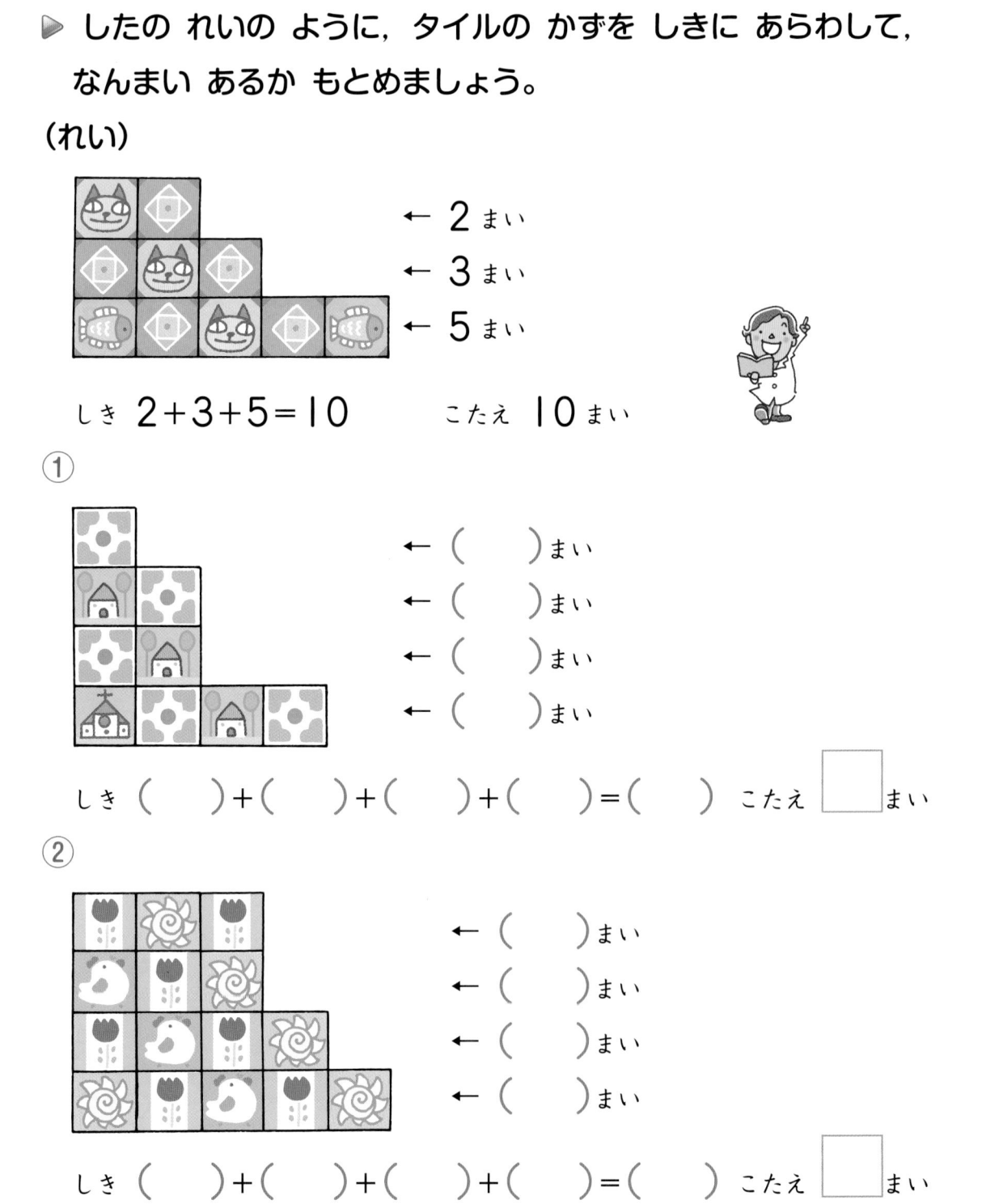

← 2 まい
← 3 まい
← 5 まい

しき 2+3+5=10　　こたえ 10 まい

①

← （　　）まい
← （　　）まい
← （　　）まい
← （　　）まい

しき （　　）+（　　）+（　　）+（　　）=（　　）　こたえ ☐ まい

②

← （　　）まい
← （　　）まい
← （　　）まい
← （　　）まい

しき （　　）+（　　）+（　　）+（　　）=（　　）　こたえ ☐ まい

10 たしざん(2)

きょうかしょ
のまとめ

⭐ 8こと 3こ
　あわせて なんこ？

$$8+3=11$$ こたえ 11こ

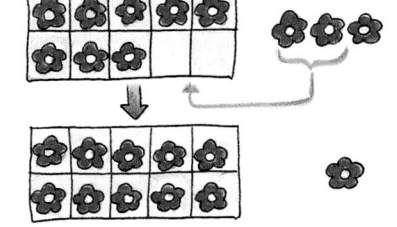

⭐ 5こと 7こ
　あわせて なんこ？

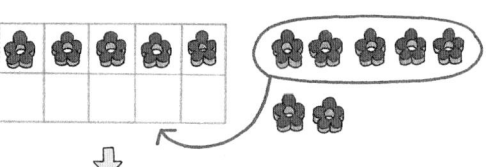

$$5+7=12$$ こたえ 12こ

1 たしざん

もとに なる ことがら

9+4 のような くりあがる たしざんを します。

❶ けいたさんは 9こ，たかみ
さんは 4こ くりを ひろいま
した。ふたりあわせて なんこ
ひろったでしょう。

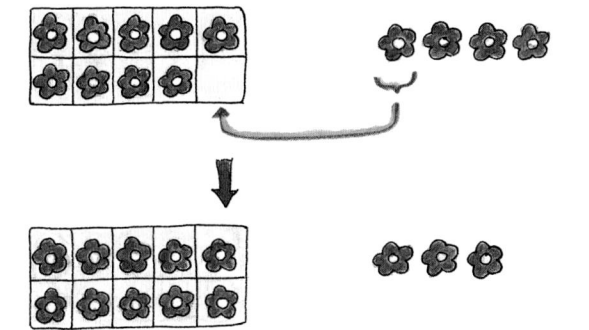

9に 1を たして 10
10と 3で 13

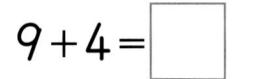

9+4=□

こたえ（　　）こ

❷ つるを 6わ おりました。
あと 8わ おると みんな
で なんばに なるでしょう。

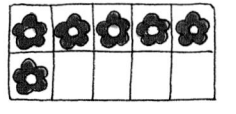

6に 4を たして 10
10と 4で 14

6+8=□

こたえ（　　）わ

こたえ ➡ べっさつ19ページ

きょうかしょのドリル

こたえ → べっさつ20ページ

1 ヘリコプターは みんなで なんき あるでしょう。

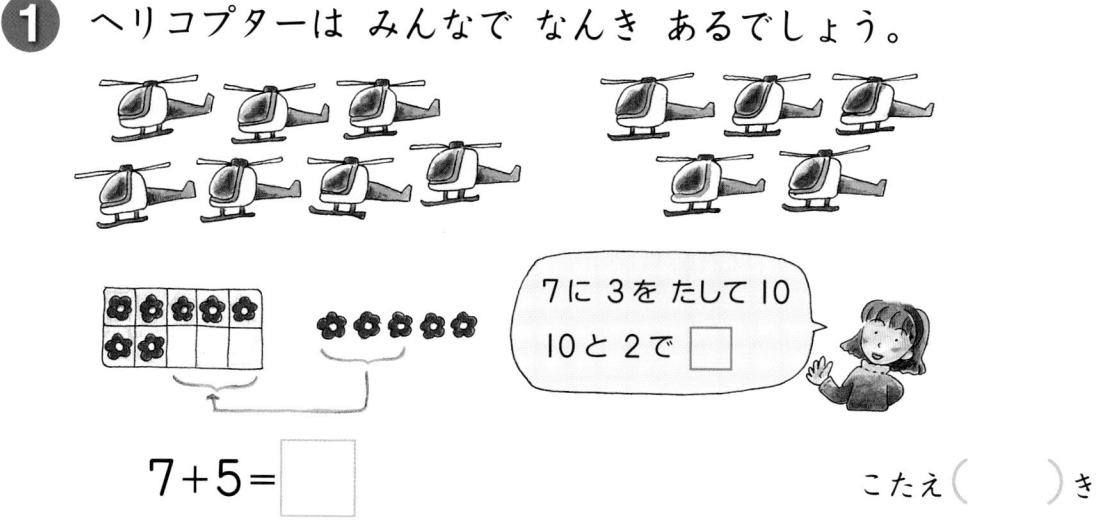

7に 3を たして 10
10と 2で □

7+5= □

こたえ（　　）き

2 たしざんを しましょう。

(1)　9+5= □　　(2)　8+4= □　　(3)　7+7= □

(4)　6+6= □　　(5)　7+6= □　　(6)　9+6= □

3 3+8は いくつに なるでしょう。

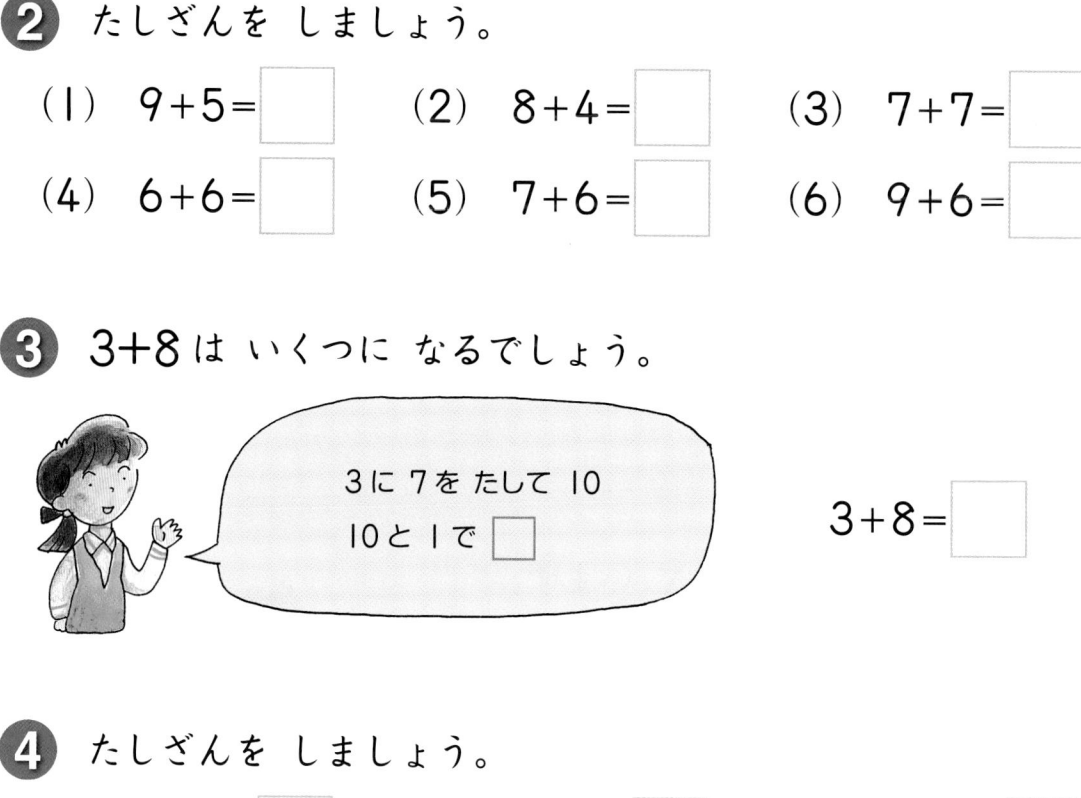

3に 7を たして 10
10と 1で □

3+8= □

4 たしざんを しましょう。

(1)　4+9= □　　(2)　7+9= □　　(3)　6+7= □

(4)　7+8= □　　(5)　5+7= □　　(6)　2+9= □

1 こたえが 14に なる カードを ○で かこみましょう。

[8てんずつ…ごうけい40てん]

| 6+8 | 8+5 | 7+7 | 9+7 |

| 8+7 | 9+5 | 8+6 | 5+9 |

2 たしざんを しましょう。[5てんずつ…ごうけい30てん]

（1） 8+5 = ☐ （2） 4+7 = ☐ （3） 3+9 = ☐

（4） 9+9 = ☐ （5） 6+5 = ☐ （6） 8+8 = ☐

3 くだものやさんで, あかい りん
ごを 9こ, きいろい りんごを 5
こ かいました。あわせて なんこ
かったのでしょう。[15てん]

〔　　　〕こ

4 たこが 7こ あがって います。
あと 6こ あがると, みんなで
なんこに なるでしょう。[15てん]

〔　　　〕こ

1 たしざんを しましょう。[5てんずつ…ごうけい40てん]

(1) 7+5=☐　　(2) 9+4=☐　　(3) 8+7=☐

(4) 9+8=☐　　(5) 6+6=☐　　(6) 2+9=☐

(7) 4+7=☐　　(8) 4+8=☐

2 さかなつりで, ぼくは **8** ひき, おにいさんは **9** ひき つりました。あわせて なんびき つったでしょう。[20てん]

〔　　　〕ひき

3 あかい ふうせんが **9** こ, あおい ふうせんが **5** こ あります。

ふうせんは みんなで なんこ あるでしょう。[20てん]

〔　　　〕こ

4 みんなで いくつに なるでしょう。[10てんずつ…ごうけい20てん]

(1)	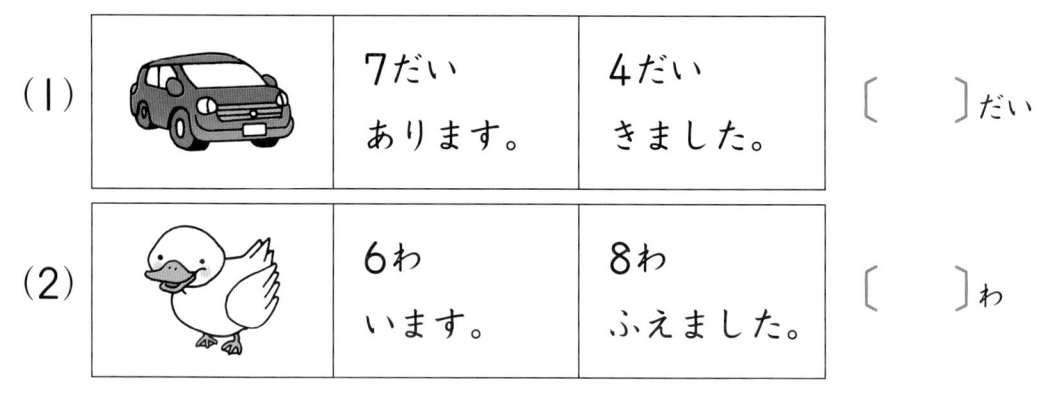 7だい あります。	4だい きました。	〔　　　〕だい
(2)	6わ います。	8わ ふえました。	〔　　　〕わ

どんな かず？

こたえ → 126ページ

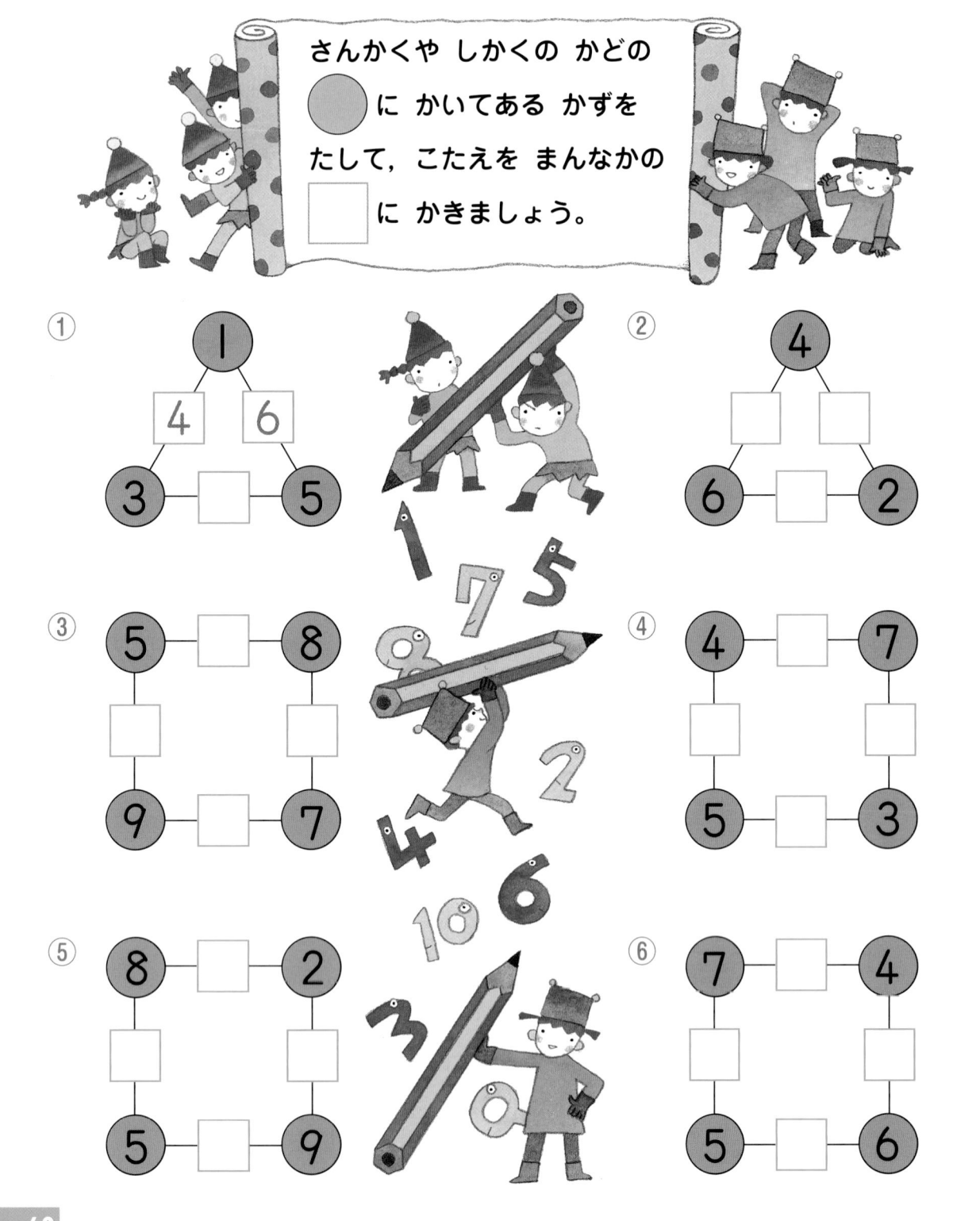

さんかくや しかくの かどの ◯ に かいてある かずを たして，こたえを まんなかの ☐ に かきましょう。

① 1 / 4 6 / 3 ☐ 5

② 4 / ☐ ☐ / 6 ☐ 2

③ 5 ☐ 8 / ☐ ☐ / 9 ☐ 7

④ 4 ☐ 7 / ☐ ☐ / 5 ☐ 3

⑤ 8 ☐ 2 / ☐ ☐ / 5 ☐ 9

⑥ 7 ☐ 4 / ☐ ☐ / 5 ☐ 6

11 かたち

学習のねらい

身近にある物の中で，形の似ている点，
ちがっている点を見つけ，図形に興味をもたせます。

きょうかしょ
のまとめ

★ さいころの かたちの なかま　　★ はこの かたちの なかま

★ ボールの かたちの なかま　　★ つつの かたちの なかま

1 かたち

もとに なる ことがら

おなじ かたちの なかまに わけます。

◯ おなじ かたちの なかまに わけましょう。

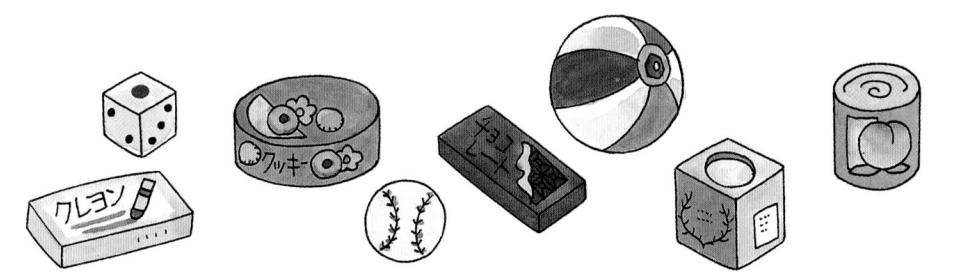

さいころの かたち　　はこの かたち　　つつの かたち　　ボールの かたち

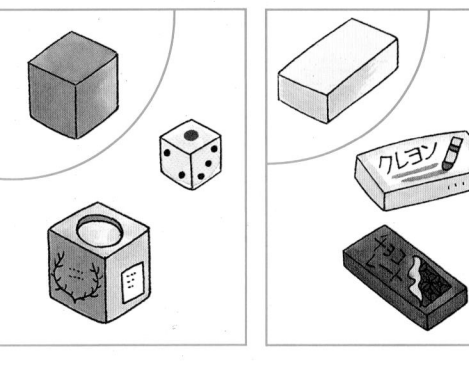 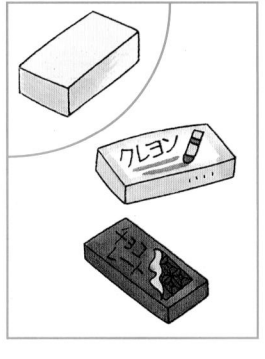 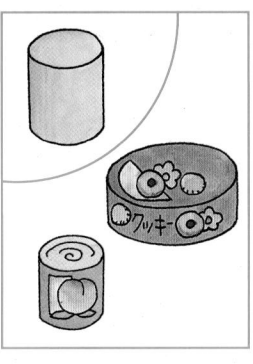 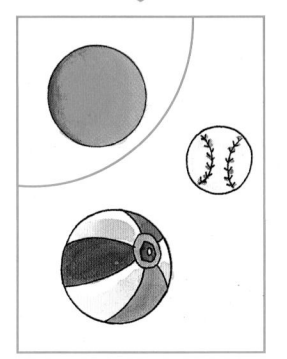

● ころがりやすい かたちや, ころがりにくい かたちも あ
ります。

ころがりやすい かたち

ころがりにくい かたち

きょうかしょのドリル

こたえ → べっさつ21ページ

❶ にている かたちを みつけて，あ，い，う，…で こたえま
しょう。

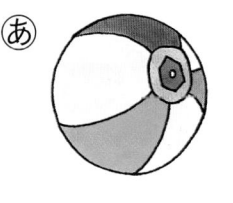 あ　 い　 う　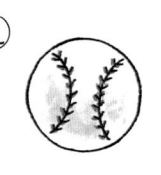 え

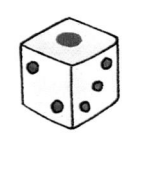 お　 か　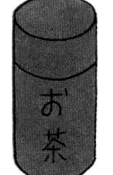 き　 く

（1）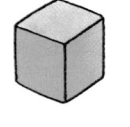 の なかま （　　　　）　（2） の なかま （　　　　）

（3）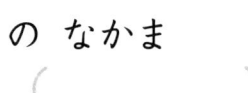 の なかま （　　　　）　（4） の なかま （　　　　）

❷ ころがりやすい ものを 4つ えらんで，あ，い，う，…で
こたえましょう。

 あ　 い　 う　 え

 お　 か　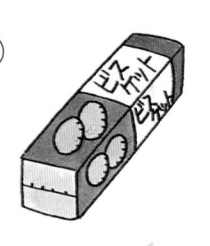 き　 く

（　　　　）

テストにでるもんだい①

こたえ → べっさつ21ページ
じかん **5**ふん

とくてん　　　　てん

1 ひだりの かたちに よく にた ものを **2**つずつ えらんで ○を つけましょう。

[15てんずつ…ごうけい60てん]

①	あ	い	う	え	お
②	あ	い	う	え	お
③	あ	い	う	え	お
④	あ	い	う	え	お

2 ひだりの ものに よく にた かたちを えらんで ○をつけましょう。

[10てんずつ…ごうけい40てん]

①	あ	い	う	え
②	あ	い	う	え
③	あ	い	う	え
④	あ	い	う	え

テストにでるもんだい②

こたえ ➡ べっさつ21ページ
じかん **10**ぷん

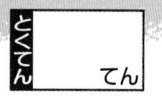

とくてん ｜　　　　てん

1 うえと したで, おなじ かたちを せんで つなぎましょう。

[10てんずつ…ごうけい40てん]

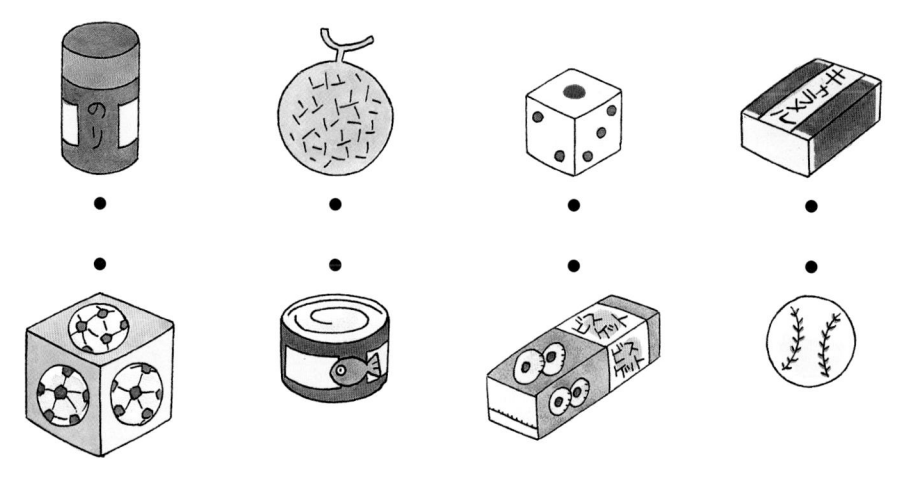

2 したの ずの なかから ほかと ちがった かたちを 2つ みつけて, ×を つけましょう。[10てんずつ…ごうけい60てん]

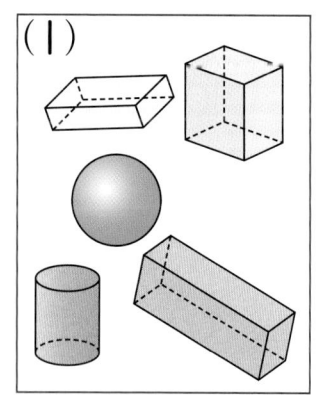

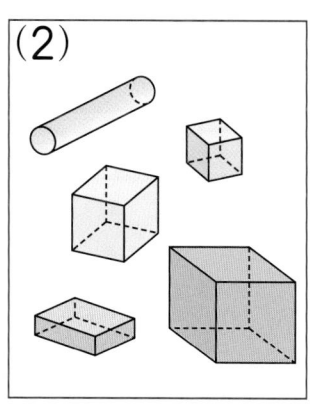

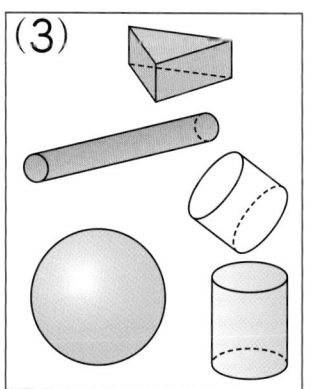

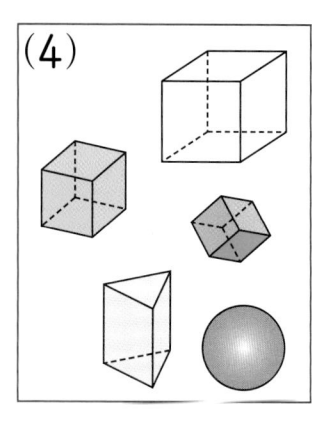

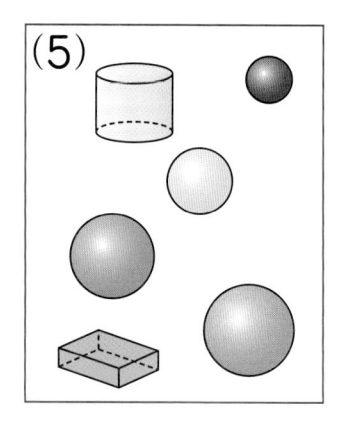

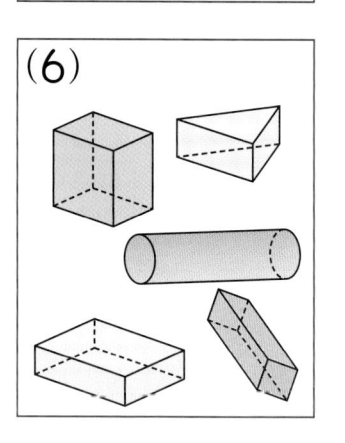

11 かたち **73**

かたち すごろく

こたえ → 126 ページ

よく にた かたちの ところを
とおって すすみましょう。

はじめ	はじめ	はじめ	はじめ

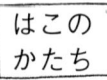

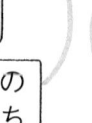

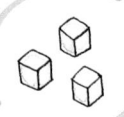

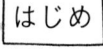

はこの かたち	つつの かたち	ボールの かたち	さいころ のかたち

どんな かたちの ところへ
つきましたか。

12 ひきざん（2）

学習のねらい

ここでは，12−9，14−8のような
くり下がりのあるひき算（答えは1けた）のしかたを勉強します。

きょうかしょ
のまとめ

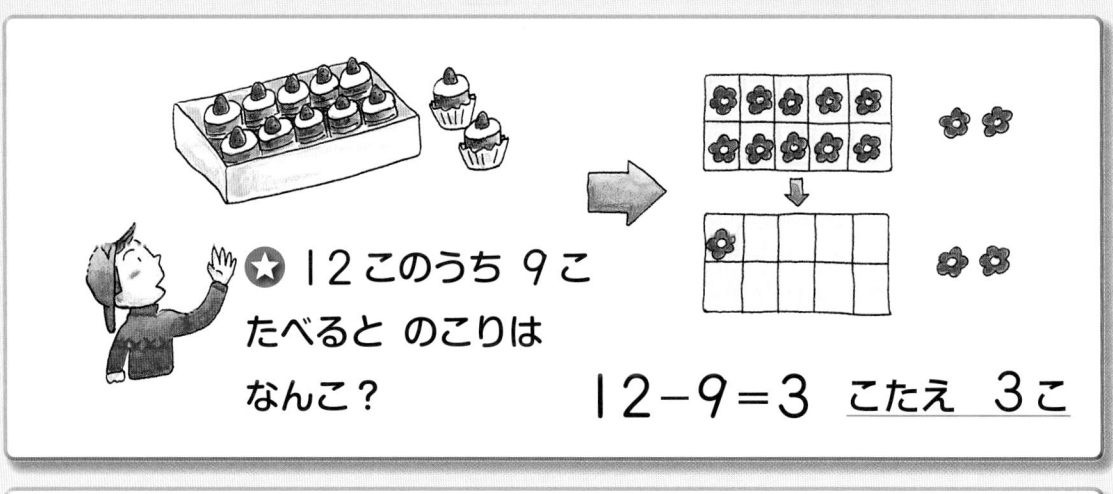

★ 12このうち 9こ
たべると のこりは
なんこ？

$12-9=3$　こたえ　3こ

★ 14このうち 8こ あげると のこりは なんこ？

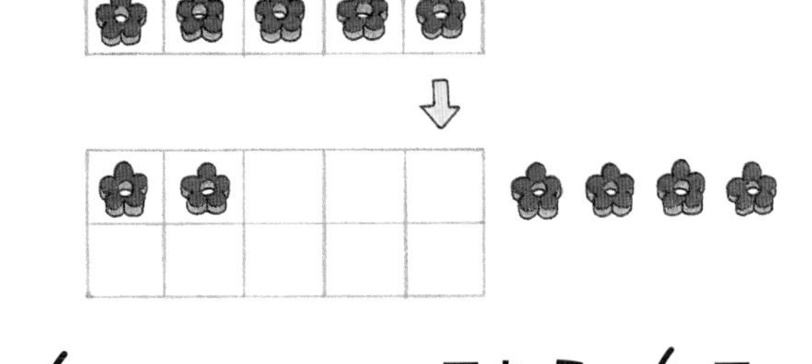

$14-8=6$　　　　こたえ　6こ

75

1 ひきざん

もとに なる ことがら

13−9 の ような くりさがる ひきざんを します。

❶ ケーキが 13こ あります。

9こ たべると なんこ のこるでしょう。

10から 9を ひいて1
1と 3で4

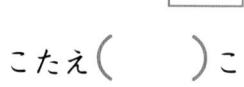

13−9＝□

こたえ（　　）こ

❷ あかい りんごが 11こ，あおい りんごが 4こ あります。

あかい りんごのほうが **なんこ おおいでしょう。**

かずを くらべるときは
ひきざんです。

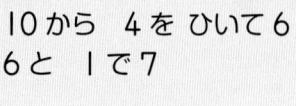

10から 4を ひいて6
6と 1で7

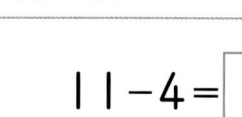

11−4＝□

こたえ（　　）こ

こたえ → べっさつ22ページ

きょうかしょのドリル

こたえ → べっさつ22ページ

❶ ヘリコプターが 14き あります。

8き とんで いくと なんき のこるでしょう。

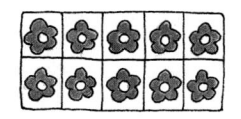  

10から 8を ひいて2

2と 4で ☐

14−8= ☐

こたえ（　　）き

❷ ひきざんを しましょう。

（1） 11−9= ☐　　　　（2） 14−7= ☐

（3） 12−8= ☐　　　　（4） 15−8= ☐

❸ 13−4は いくつに なるでしょう。

 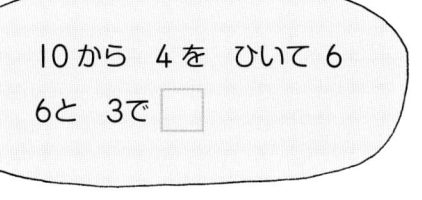

10から 4を ひいて6

6と 3で ☐

13−4= ☐

❹ ひきざんを しましょう。

（1） 15−6= ☐　　　　（2） 11−5= ☐

（3） 16−7= ☐　　　　（4） 12−4= ☐

1 こたえが 8に なる カードを ◯で かこみましょう。

[8てんずつ…ごうけい40てん]

13−5　　11−5　　16−7　　14−6

15−8　　12−4　　15−7　　17−9

2 ひきざんを しましょう。 [5てんずつ…ごうけい30てん]

（1） 14−5＝ ☐　　　　（2） 17−8＝ ☐

（3） 16−9＝ ☐　　　　（4） 12−7＝ ☐

（5） 12−6＝ ☐　　　　（6） 11−8＝ ☐

3 かきが 11こ なって います。
6こ とると のこりは なんこに
なるでしょう。 [15てん]

〔　　　〕こ

4 たまいれを しています。

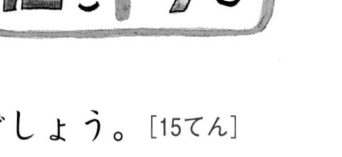

はいったかず

あかぐみ	しろぐみ
12こ	9こ

あかぐみのほうが なんこ おおく はいったでしょう。 [15てん]

〔　　　〕こ

1 ひきざんを しましょう。[5てんずつ…ごうけい40てん]

(1) 13-7= [　]

(2) 11-7= [　]

(3) 18-9= [　]

(4) 13-6= [　]

(5) 12-5= [　]

(6) 16-8= [　]

(7) 15-9= [　]

(8) 11-4= [　]

2 こどもが 14にん あそんで います。8にん かえりました。
こどもは なんにん のこって いるでしょう。[20てん]

〔　　　〕にん

3 きってが 12まいと, えはが
きが 7まい あります。
　きってのほうが なんまい おお
いでしょう。[20てん]

〔　　　〕まい

4 のこりは いくつに なるでしょう。[10てんずつ…ごうけい20てん]

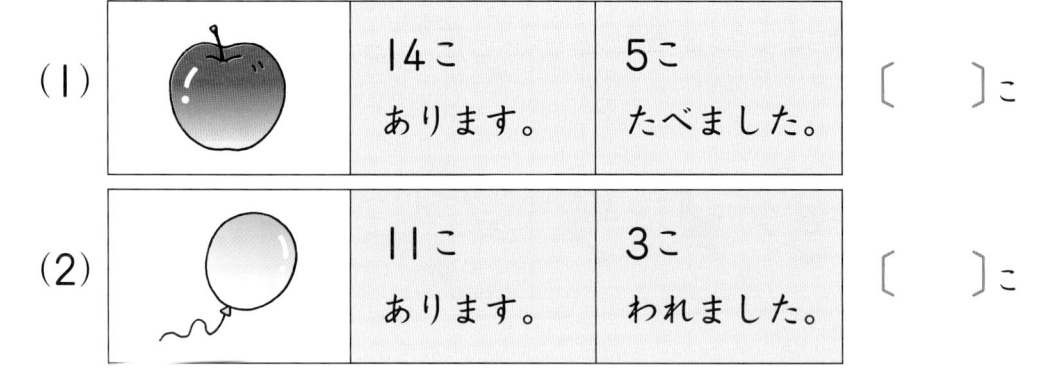

(1)	🍎	14こ あります。	5こ たべました。	〔　　　〕こ
(2)	🎈	11こ あります。	3こ われました。	〔　　　〕こ

なかま はずれ

こたえ → 127 ページ

▷ 4つの けいさんのうち，3つは こたえが おなじです。
なかまはずれの けいさんを みつけて，○を つけましょう。

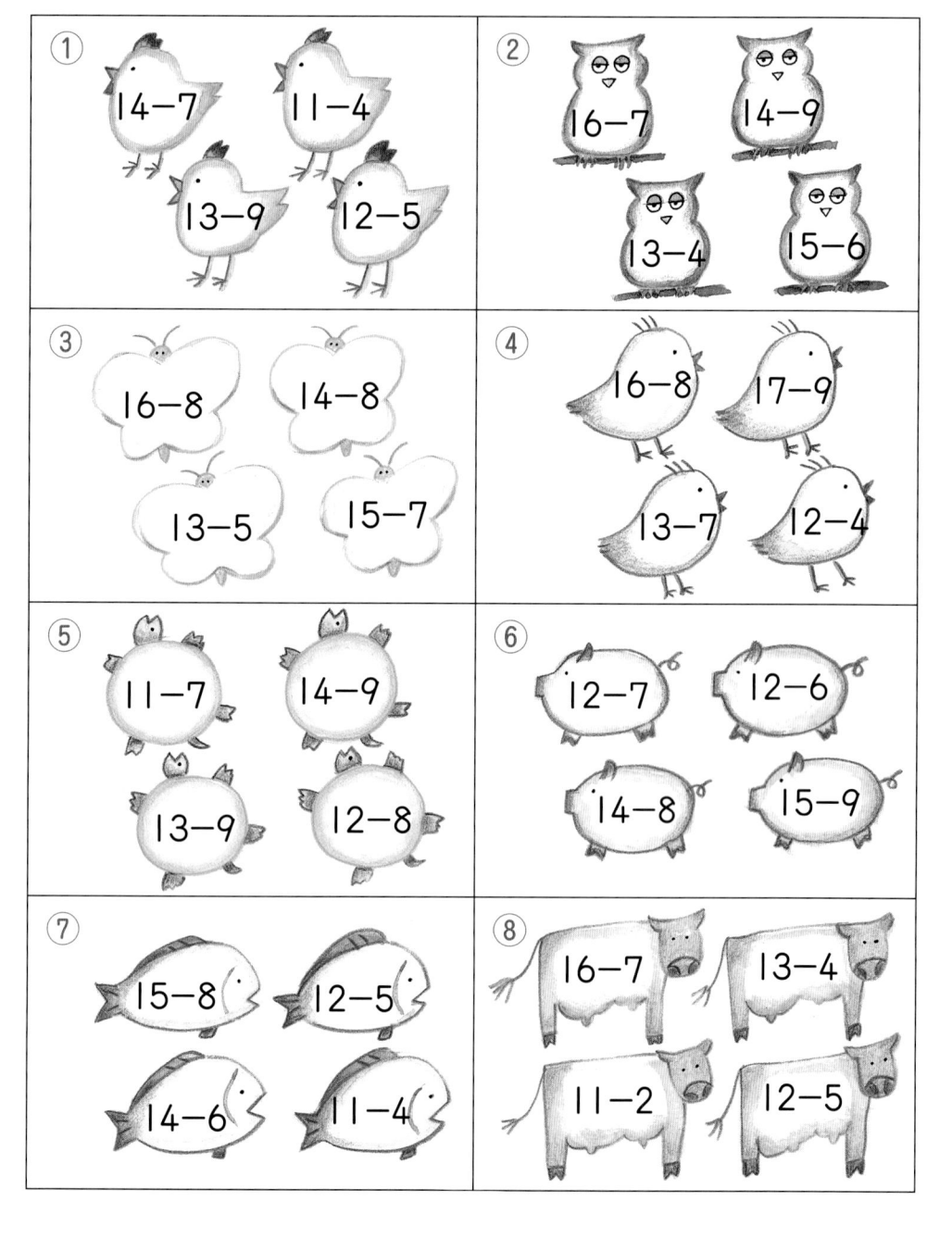

① 14−7　11−4　13−9　12−5

② 16−7　14−9　13−4　15−6

③ 16−8　14−8　13−5　15−7

④ 16−8　17−9　13−7　12−4

⑤ 11−7　14−9　13−9　12−8

⑥ 12−7　12−6　14−8　15−9

⑦ 15−8　12−5　14−6　11−4

⑧ 16−7　13−4　11−2　12−5

13 20より おおきい かず

主として，100 までの数の数え方・書き方・読み方，
数の並び方，数の大小，および数の構成などを勉強します。

きょうかしょ
のまとめ →

⭐ おおきい かずの かぞえかた，かきかた，よみかた

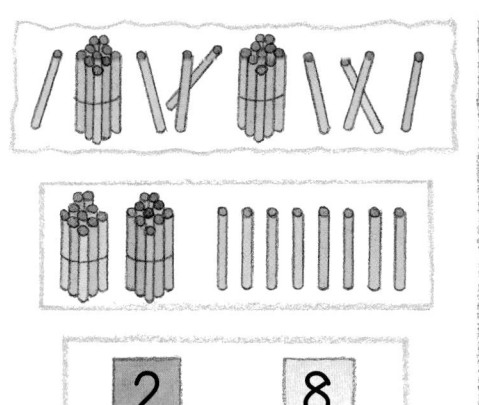

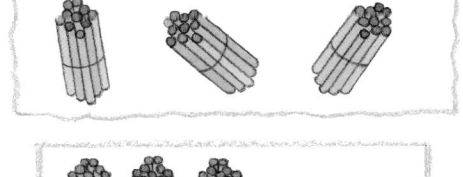

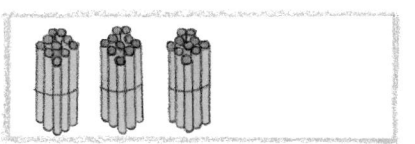

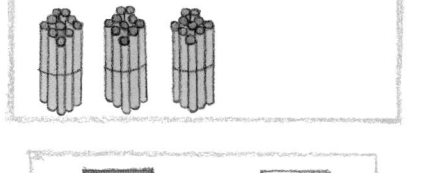

2	8
十のくらい	一のくらい

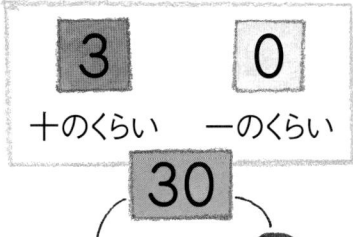

28

にじゅう
はち

3	0
十のくらい	一のくらい

30

さんじゅう

1 おおきい かず

もとに なる ことがら

100までの かずの かぞえかた，かきかた，よみかた
を おぼえましょう。

① なんぼん あるでしょう。

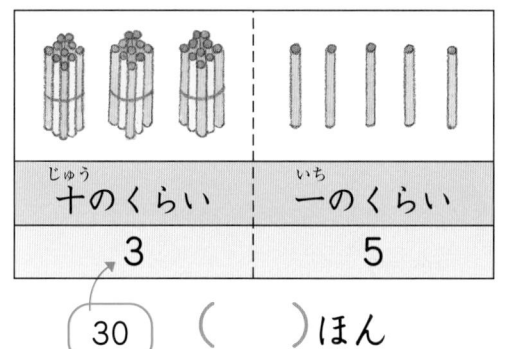

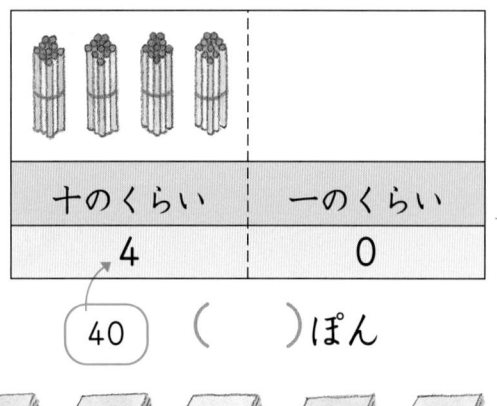

十のくらい じゅう	一のくらい いち
3	5

30　（　　）ほん

十のくらい	一のくらい
4	0

40　（　　）ぽん

② なんまい あるでしょう。

（　　）まい

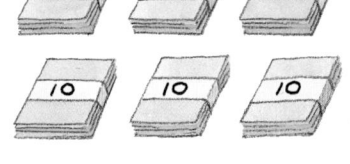

③ かずの おおきい ほうに ○を つけましょう。

(1) 76　86　　(2) 53　54　　(3) 100　99

④ □の なかに あてはまる かずを かきましょう。

(1) □―□―61―62―63―□―65

(2) □―□―98―97―96―□―94

こたえ → べっさつ23ページ

きょうかしょのドリル①

こたえ → べっさつ24ページ

① りんごは みんなで なんこ あるでしょう。

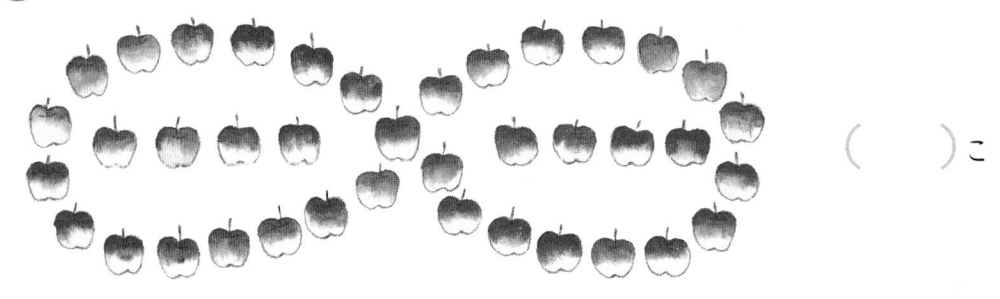

（　　　）こ

② ねこの かずを かぞえましょう。

（　　　）ひき

きょうかしょのドリル②

こたえ → べっさつ24ページ

❶ ぜんぶで なんこ あるでしょう。

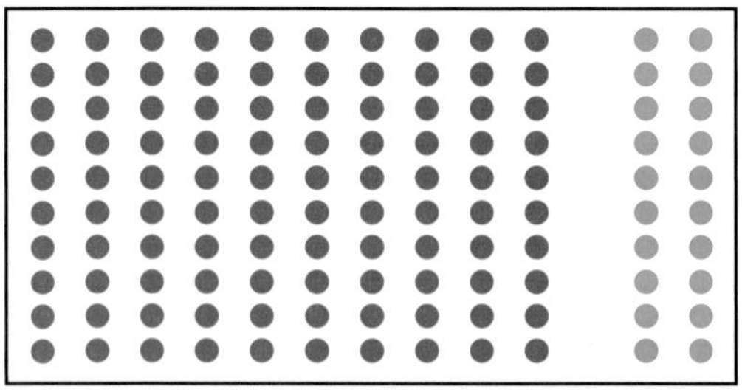

100と 20で
ひゃくにじゅう

（　　）こ

❷ □ は どんな かずでしょう。

（1）　10を 7こ あつめた かずは □ です。

（2）　10を 8こと，1を 3こ あわせた かずは □ です。

（3）　100は，10を □ こ あつめた かずです。

（4）　36は，10を 3こと，1を □ こ あわせた かずです。

（5）　十のくらいが 5，一のくらいが 7の かずは □ です。

❸ □ の なかに あてはまる かずを かきましょう。

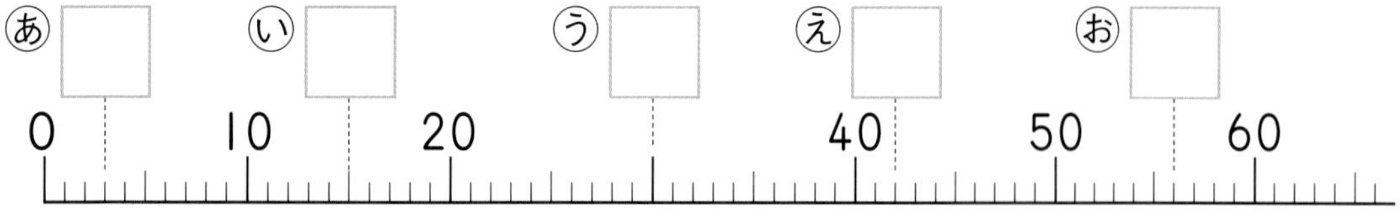

あ□　　い□　　う□　　え□　　お□

0　　　10　　　20　　　　　　40　　50　　60

❹ □ の なかに かずを かきましょう。

（1）　20—□—□—50—60—□

（2）　100—□—80—□—60—□

（3）　56—57—□—59—□—□

1 なんこ あるでしょう。[10てんずつ…ごうけい20てん]

(1)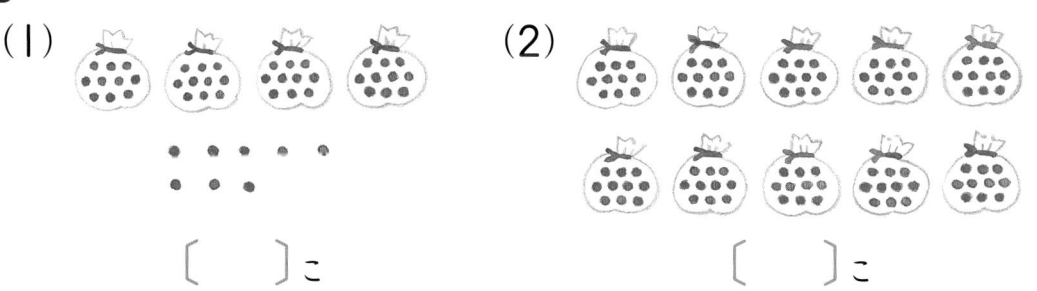

〔　　　〕こ

(2)

〔　　　〕こ

2 きょうは **26** にちです。
[15てんずつ…ごうけい30てん]

(1) きのうは なんにちでしょう。

〔　　　〕にち

(2) あすは なんにちでしょう。

〔　　　〕にち

3 **70** まいの いろがみを **10** まいずつ たばに します。
たばが なんこ できるでしょう。[20てん]

〔　　　〕こ

4 ▢ に あてはまる かずを かきましょう。[10てんずつ…ごうけい30てん]

(1) 10 が 4 こと, 1 が 5 こで ▢ です。

(2) 10 が 3 こと, 1 が 9 こで ▢ です。

(3) 74 は 10 を ▢ こと, 1 を ▢ こ あわせた かずです。

1 ▢の なかに あてはまる かずを かきましょう。

[10てんずつ…ごうけい40てん]

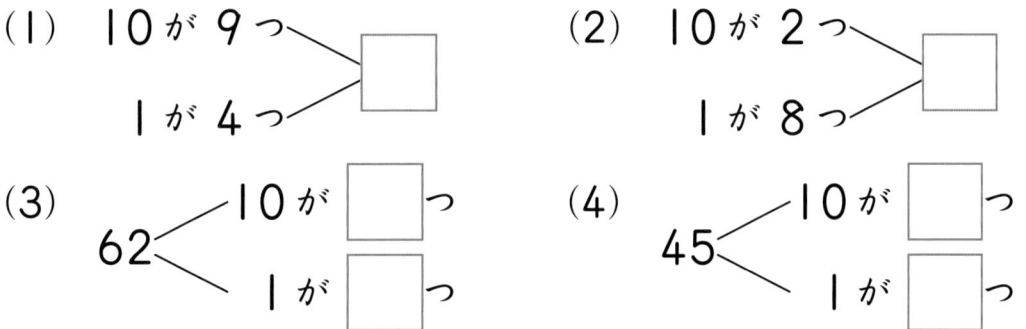

（1） 10が 9つ
1が 4つ
[   ]

（2） 10が 2つ
1が 8つ
[   ]

（3） 62 ⟨ 10が [   ]つ
1が [   ]つ

（4） 45 ⟨ 10が [   ]つ
1が [   ]つ

2 ちいさい かずから じゅんに かきましょう。[15てん]

73　82　64　100　60　87

〔60〕 〔　〕 〔　〕 〔　〕 〔　〕 〔　〕

3 ▢は どんな かずでしょう。[5てんずつ…ごうけい20てん]

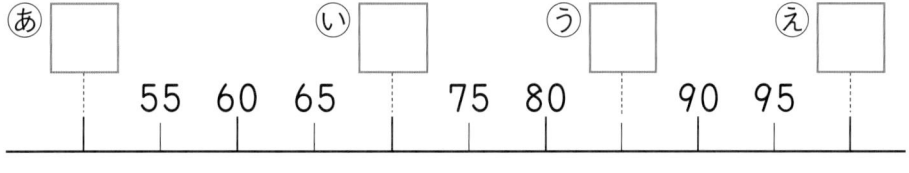

あ[   ]　い[   ]　う[   ]　え[   ]

55 60 65　75 80　90 95

4 10こいりの みかんの かごが 6 こと，
5こいりの みかんの かごが 1こ なら
んで います。みかんは みんなで なんこ
あるでしょう。[10てん]

〔　〕こ

5 おおきい ほうを ◯で かこみましょう。[5てんずつ…ごうけい15てん]

（1）（20，26）（2）（60，57）（3）（86，92）

テストにでるもんだい③

こたえ → べっさつ26 ページ
じかん **10**ぷん

とくてん ☐ てん

1 つぎの かずを しらべましょう。[8てんずつ…ごうけい24てん]

(1) 10 が 5 こと，1 が 8 こで ☐ です。

(2) 100 は ☐ より 4 おおきい かずです。

(3) 十のくらいが 4，一のくらいが 5 の かずは ☐ です。

2 つぎの かずを しらべましょう。[8てんずつ…ごうけい32てん]

(1) 60 より 10 おおきい かずは ☐

(2) 60 より 10 ちいさい かずは ☐

(3) 60 より 3 おおきい かずは ☐

(4) 60 より 3 ちいさい かずは ☐

3 ☐ の なかに かずを かきましょう。[10てんずつ…ごうけい20てん]

(1) 30 ― ☐ ― 40 ― 45 ― ☐ ― ☐

(2) 60 ― 62 ― ☐ ― 66 ― ☐ ― ☐

4 ☐ に かずを かきましょう。[8てんずつ…ごうけい24てん]

(1) 30 に 5 を たした かず 30＋5＝☐

(2) 35 から 5 を ひいた かず 35－5＝☐

(3) 35 から 30 を ひいた かず 35－30＝☐

100より おおきい かず

こたえ → 127ページ

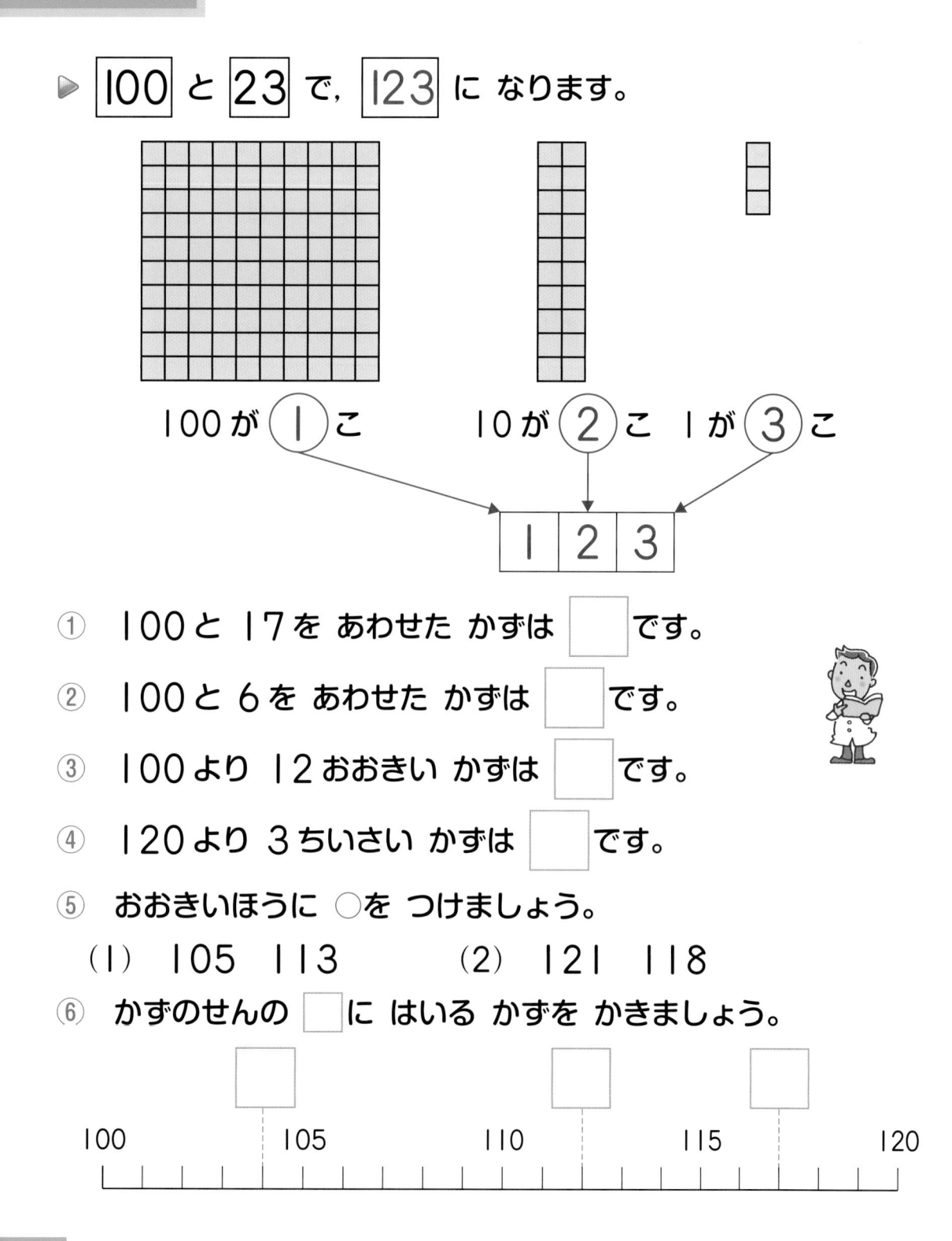

▷ 100 と 23 で, 123 に なります。

100 が ①こ　　　10 が ②こ 1 が ③こ

| 1 | 2 | 3 |

① 100と 17を あわせた かずは □ です。

② 100と 6を あわせた かずは □ です。

③ 100より 12 おおきい かずは □ です。

④ 120より 3 ちいさい かずは □ です。

⑤ おおきいほうに ○を つけましょう。

　（1） 105　113　　　　（2） 121　118

⑥ かずのせんの □ に はいる かずを かきましょう。

14 とけい

きょうかしょ
のまとめ →

学習のねらい

時計の読み方を勉強します。

⭐ とけい

7:00
7じ

9:30
9じ30ぷん
9じはん

6:25
6じ25ふん

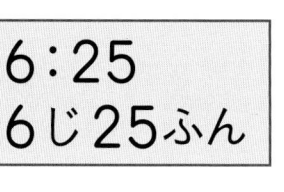

11:43
11じ43ぷん

89

1 とけい

もとに なる ことがら

とけいの よみかたを しらべましょう。

◯ みぎの とけいで

みじかい はりは **6** を さして います。

ながい はりは **12** を さして います。

これは 6じです。

◯ みぎの とけいで

みじかい はりは <u>**9** を こえて います。</u>
└─9じなんぷんです

ながい はりは ㉚ を さして います。
└─ ちいさい めもりは 30
（おおきい めもりは 6）

これは 9じ30ぷんです。9じはん とも いいます。

◯ みぎの とけいで

みじかい はりは <u>**3** を こえて います。</u>
└─3じなんぷんです

ながい はりは <u>**21**</u> を さして います。
└─ ちいさい めもりを よみます

これは 3じ21ぷんです。

とけいは みじかい はりで なんじかを, ながい はりで な
んぷんかを よみます。

きょうかしょのドリル

こたえ → べっさつ26ページ

① とけいを よみましょう。

(1) ☐ じ

(2) ☐ じ ☐ ぷん

(3) ☐ じ ☐ ぷん

(4) ☐ じ ☐ ふん

② もうすぐ | | じに なるのは どれでしょう。

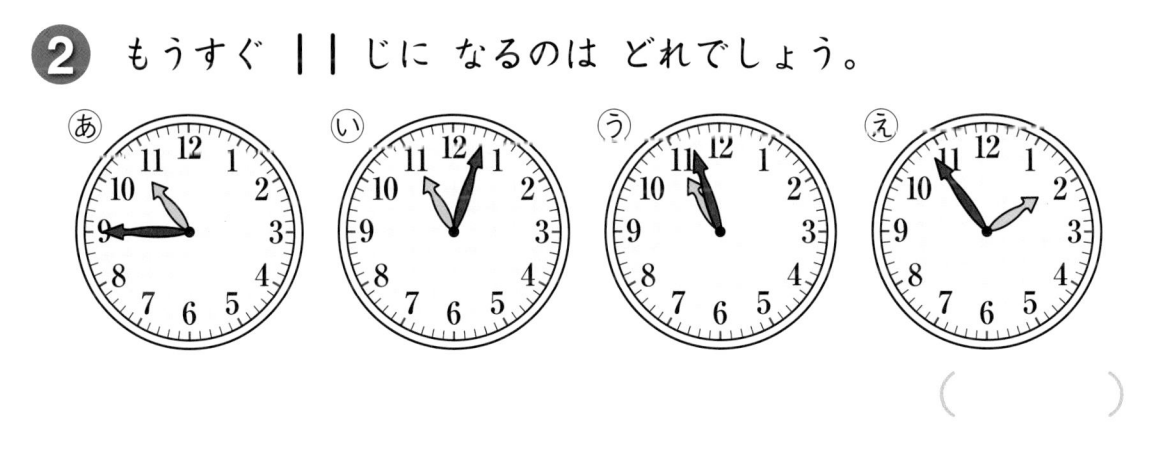

あ　い　う　え

( )

③ ながい はりを かきましょう。

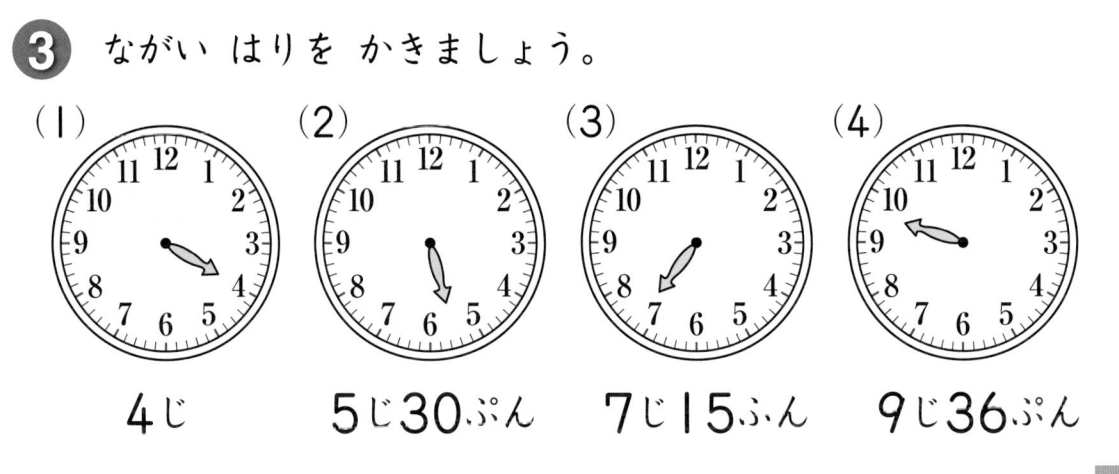

(1) 4じ

(2) 5じ30ぷん

(3) 7じ15ふん

(4) 9じ36ぷん

テストにでるもんだい

こたえ → べっさつ27ページ
じかん10ぷん

とくてん　　　てん

1 なんじ なんぷんでしょう。［10てんずつ…ごうけい40てん］

(1)
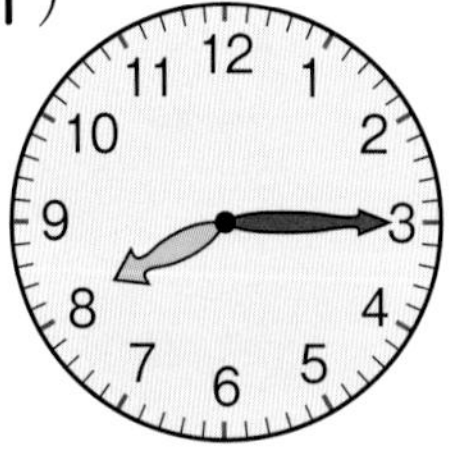
〔　　　　〕

(2)
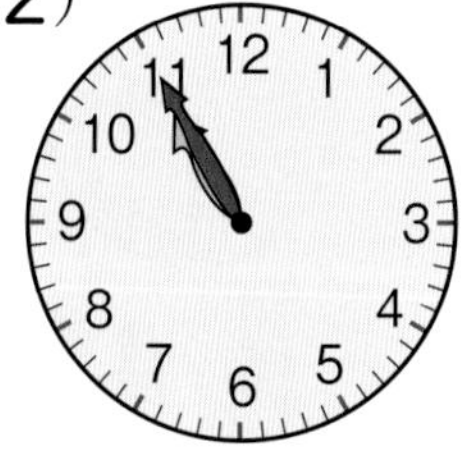
〔　　　　〕

(3)
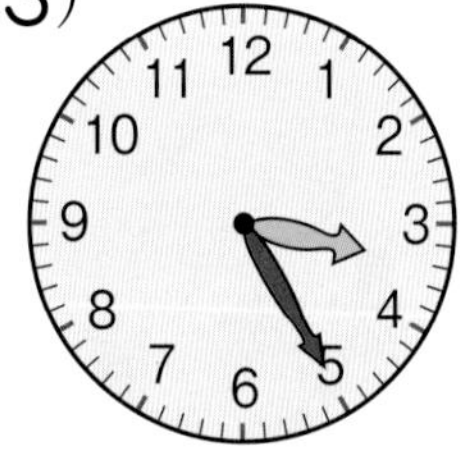
〔　　　　〕

(4)
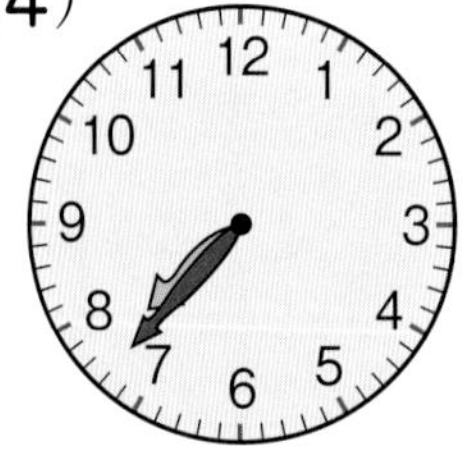
〔　　　　〕

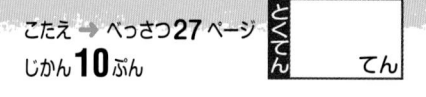

2 かずやさんの １にちの くらしです。
とけいを よみましょう。［10てんずつ…ごうけい60てん］

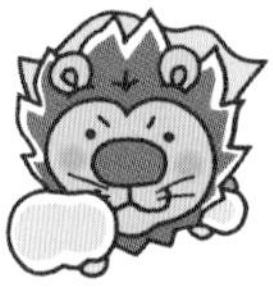

(1) おきる
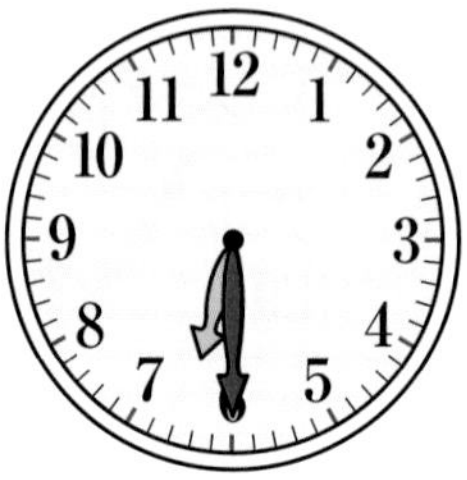
□じ□ぷん

(2) じゅぎょう
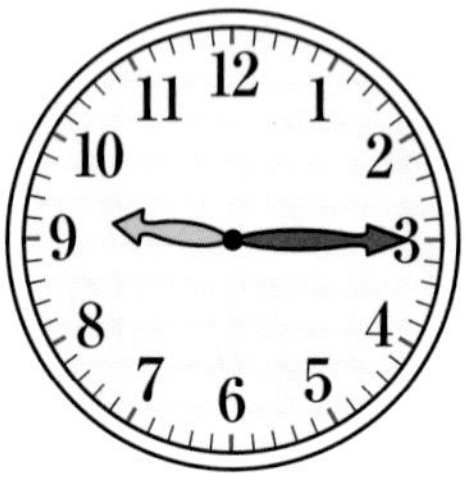
□じ□ふん

(3) やすみじかん
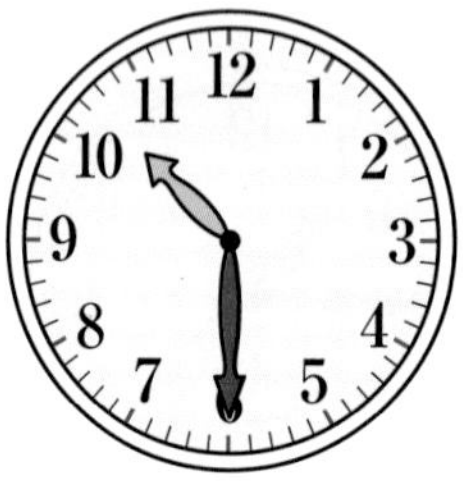
□じ□ぷん

(4) ほうかご
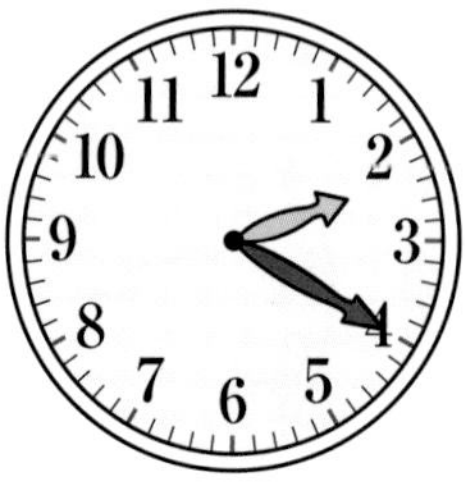
□じ□ぷん

(5) ゆうしょく
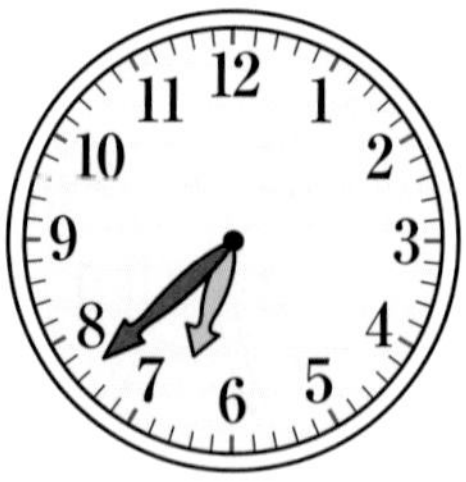
□じ□ふん

(6) ねる
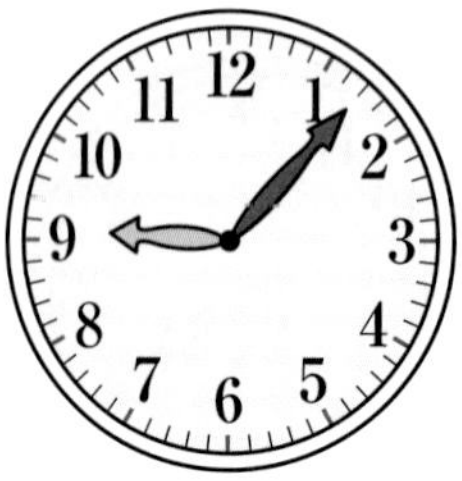
□じ□ふん

15 たしざんと ひきざん（2）

2桁の数で，くり上がり・くり下がりのない
たし算・ひき算をします。

きょうかしょ
のまとめ

★ 30 に 20 を たしましょう。

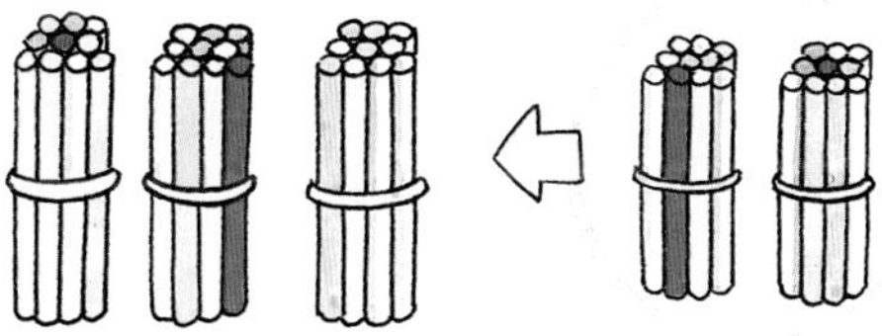

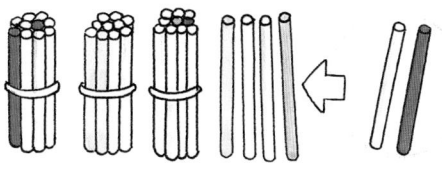

たしざん

$$30 + 20 = 50$$

★ 34 に 2 を たしましょう。

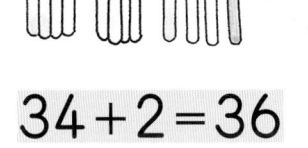

$$34 + 2 = 36$$

★ 50 から 30 を ひきましょう。

とる

ひきざん

$$50 - 30 = 20$$

★ 27 から 4 を ひきましょう。

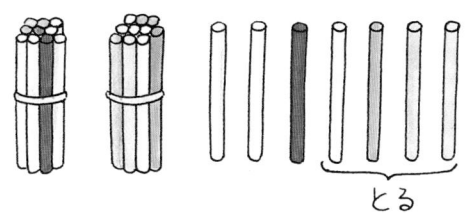

とる

$$27 - 4 = 23$$

1 たしざん

もとに なる ことがら

100までの かずの たしざんを します。
つぎの もんだいで かんがえましょう。

❶ いろがみが あります。

40まいと 20まいで
60まいです。

[40まい] と [20まい] で なんまいでしょう。

40+20=60

こたえ（　　）まい

❷ さいふに おかねが はいって います。

5えん ふえると, なんえんに なるでしょう。

23+5=28

こたえ（　　）えん

❸ 25に 30を たしましょう。

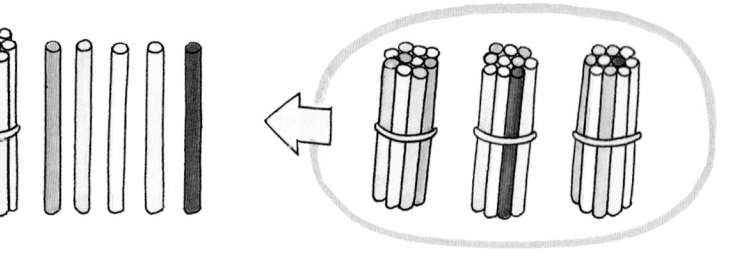

25+30=55

こたえ（　　）

こたえ → べっさつ27ページ

きょうかしょのドリル

こたえ → べっさつ27ページ

1 たしざんを しましょう。

(1) 60+20= ☐

(2) 40+30= ☐

(3) 50+10= ☐

(4) 90+10= ☐

(5) 40+7= ☐

(6) 50+6= ☐

(7) 77+1= ☐

(8) 93+6= ☐

(9) 64+10= ☐

(10) 23+70= ☐

2 バスに 20にん のって います。
6にん のって きました。
みんなで なんにんに なったでしょう。

しき（　　　　　　　） こたえ（　　　）にん

3 たつきさんの こどもかいは, おとこのこが 18にんで, おんなのこが 20にんです。みんなで なんにんでしょう。

しき（　　　　　　　） こたえ（　　　）にん

4 ちょきんばこに 70えん はいって います。
きょう, 30えん いれました。ぜんぶで なんえんに なったでしょう。

しき（　　　　　　　） こたえ（　　　）えん

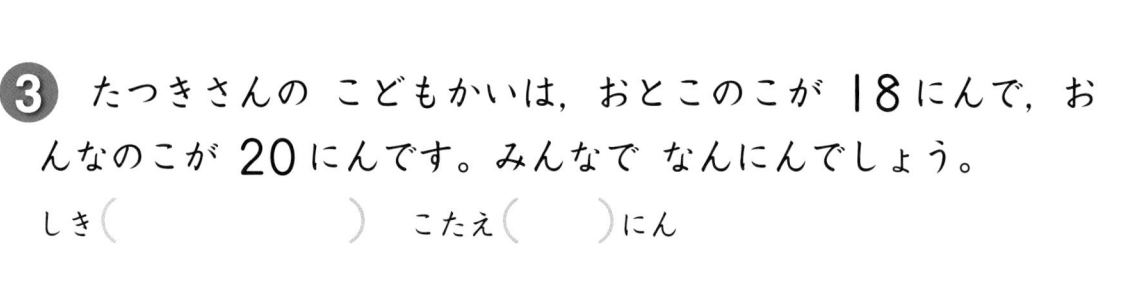

2 ひきざん

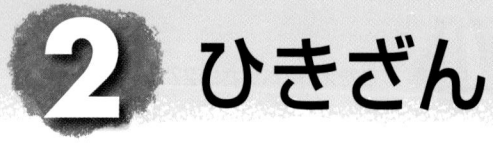

もとに なる ことがら

100までの かずの ひきざんを します。
つぎの もんだいで かんがえましょう。

① いろがみが あります。

30まい つかうと, なんまい のこるでしょう。

$$80-30=50$$

こたえ（　　　　）まい

② さいふに おかねが はいって います。

3えん つかうと, なんえん のこるで
しょう。

$$45-3=42$$

こたえ（　　　　）えん

③ 54から 20を ひきましょう。

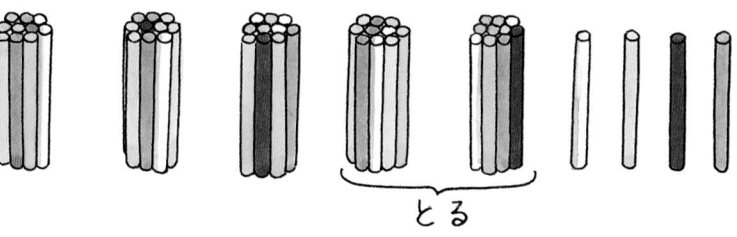

とる

$$54-20=34$$

こたえ（　　　　）

こたえ → べっさつ27ページ

きょうかしょのドリル

こたえ → べっさつ28ページ

❶ ひきざんを しましょう。

(1) 90−30= ☐   (2) 70−30= ☐

(3) 80−70= ☐   (4) 100−80= ☐

(5) 43−3= ☐   (6) 48−6= ☐

(7) 38−3= ☐   (8) 67−5= ☐

(9) 59−20= ☐   (10) 81−40= ☐

❷ はなが 25 ほん あります。10 ぽん かびんに さすと, のこりは なんぼんに なるでしょう。

しき（　　　　　　）　こたえ（　　　）ほん

❸ おはじきを, えりかさんは 50 こ, さくらさんは 40 こ もって います。えりかさんのほうが なんこ おおいでしょう。

しき（　　　　　　）　こたえ（　　　）こ

❹ バスに 36 にん のって います。ていりゅうじょで 4 にん おりました。

まだ なんにん のって いるでしょう。

しき（　　　　　　）　こたえ（　　　）にん

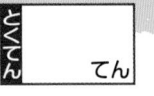

1 たしざん，ひきざんを しましょう。[5てんずつ…ごうけい20てん]

(1) $30+5=$ ☐

(2) $70+20=$ ☐

(3) $50-30=$ ☐

(4) $100-70=$ ☐

2 (1) まんなかの かずに まわりの かずを たしましょう。[5てんずつ…ごうけい30てん]

(2) まんなかの かずから まわりの かずを ひきましょう。[5てんずつ…ごうけい30てん]

3 がようしが 100まい あります。ひとりに 1まいずつ 60にんの こどもに くばると，なんまい のこるでしょう。[10てん]

しき〔　　　　　　〕　こたえ〔　　　〕まい

4 どんぐりを，ゆかさんは 55こ，おとうとは 40こ ひろいました。あわせて なんこ ひろったでしょう。[10てん]

しき〔　　　　　　〕　こたえ〔　　　〕こ

こたえ → べっさつ28ページ

じかん **10**ぷん

とくてん 〔　　　〕てん

1 いけに きんぎょが **23** びき いました。きょう，**6** ぴき かってきて いけに いれました。きんぎょは みんなで なんびきに なったでしょう。[20てん]

〔　　　　〕ひき

2 はこの なかの りんごを かぞえたら，**35** こ ありました。そのうちの **5** こが いたんでいました。

いたんで いない りんごは なんこ あるでしょう。[20てん]

〔　　　〕こ

3 えんぴつが **20** ぽんと キャップが **24** こ あります。ぜんぶの えんぴつに キャップを つけると，キャップは なんこ あまるでしょう。[20てん]

〔　　　〕こ

4 まさとさんと あゆみさんが おはじきを もって います。

[20てんずつ…ごうけい40てん]

（1） おはじきは あわせて なんこに なるでしょう。

〔　　　〕こ

（2） まさとさんの ほうが なんこ おおく もって いるでしょう。　〔　　　〕こ

ぼくは おはじきを **32**こ もって いるよ。

わたしは おはじきを **20**こ もって いるわ。

けいさん ハイキング

こたえ → 127ページ

▷ たしざんや ひきざんを して, ○に こたえを かきながら ハイキングを しましょう。

16 おなじ かずずつ

学習のねらい

同じ数ずつに分けたときの，
１人分の個数，全体の個数を求めます。

きょうかしょ
のまとめ

⭐ みかんを ３にんで おなじ かずずつ わけます。

⭐ キャンディーを ひとりに ５こずつ ４にんに くばります。

1 おなじ かずずつ

もとに なる ことがら

おなじ かずずつ なんにんかに あげたり，おなじ かず
ずつ なんにんかで わけたりします。

① こどもが 5にん います。

みかんを ひとりに 2こずつ あげると なんこ いるでしょう。

こたえ（　　）こ

② りんごが 6こ あります。

（1）　ふたりで おなじ かずずつ
わけると，ひとりぶんは なんこ
に なるでしょう。

こたえ（　　）こ

（2）　3にんで おなじ かずずつ
わけると，ひとりぶんは なんこ
に なるでしょう。

こたえ（　　）こ

こたえ ➡ べっさつ29ページ

きょうかしょのドリル

こたえ → べっさつ29ページ

1 ビスケットを ひとりに 3
まいずつ くばります。

(1) ふたりぶんは なんまいで
しょう。

（　　　）まい

(2) 3にんぶんは なんまい
でしょう。

（　　　）まい

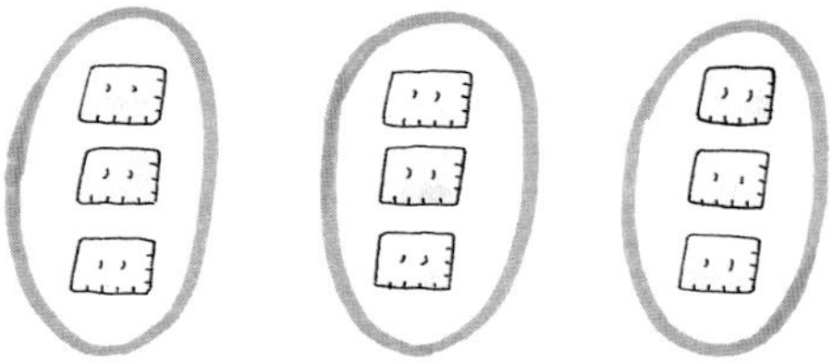

2 えんぴつが 12ほん あります。
ひとりに 3ぼんずつ あげると, なんにんに あげられるでし
ょう。

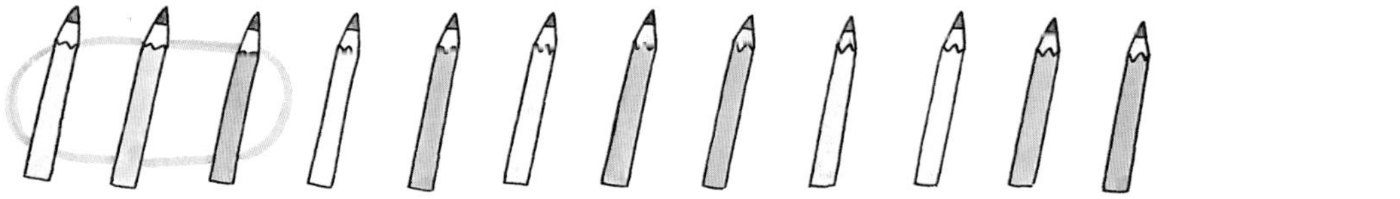

（　　　）にん

3 ケーキが 12こ あります。 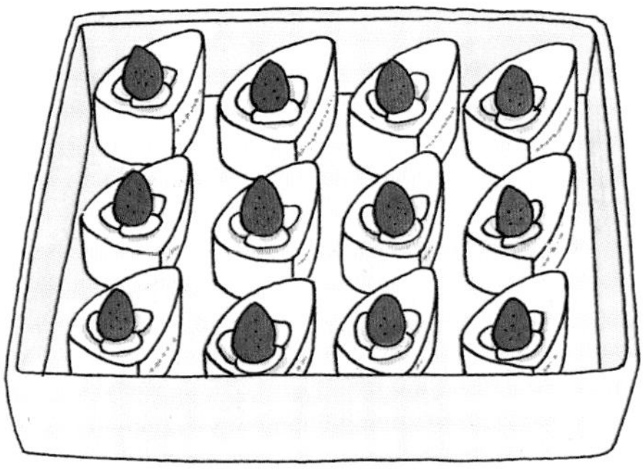
(1) おなじ かずずつ 3つ
の おさらに のせると, な
んこずつ のるでしょう。

（　　　）こ

(2) おなじ かずずつ 4つの
おさらに のせると, なんこずつ のるでしょう。

（　　　）こ

テストにでるもんだい①

じかん **10**ぷん

とくてん　　　てん

1 いろがみを ひとりに **5**まいずつ くばります。[30てん]

ひとり ぶん	ふたり ぶん	3にん ぶん	4にん ぶん
5まい	10まい	15まい	☐ まい

4にんぶんは なんまいでしょう。

〔　　　〕まい

2 はなが **10**ぽん あります。[20てんずつ…ごうけい40てん]

（1） **2**ほんずつ たばに すると, たばは いくつ できるでしょう。

〔　　　〕つ

（2） **5**ほんずつ たばに すると, たばは いくつ できるでしょう。

〔　　　〕つ

3 ことりが **8**わ います。

2わずつ かごに いれます。
かごは いくつ いるでしょう。[30てん]

〔　　　〕つ

104　16 おなじ かずずつ

1 おなじ かずずつに わけましょう。
ひとり なんこずつに なるでしょう。

（1） **4** にんで わける [15てん]

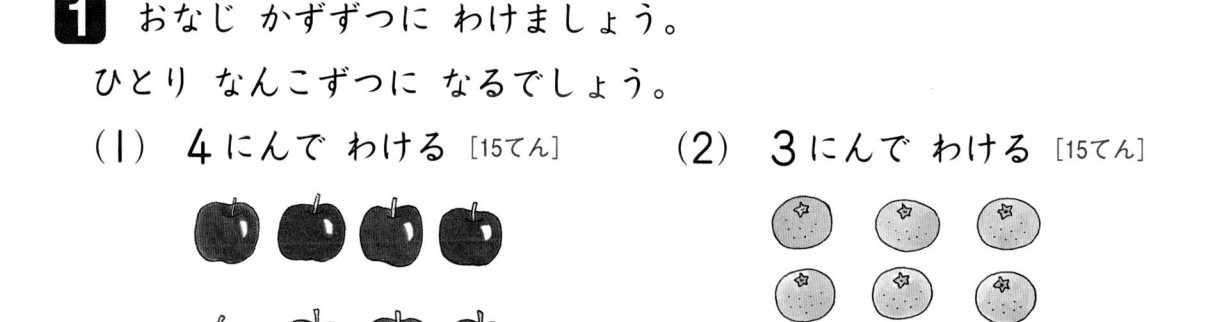

ひとり〔　　〕こずつ

（2） **3** にんで わける [15てん]

ひとり〔　　〕こずつ

（3） **5** にんで わける [15てん]

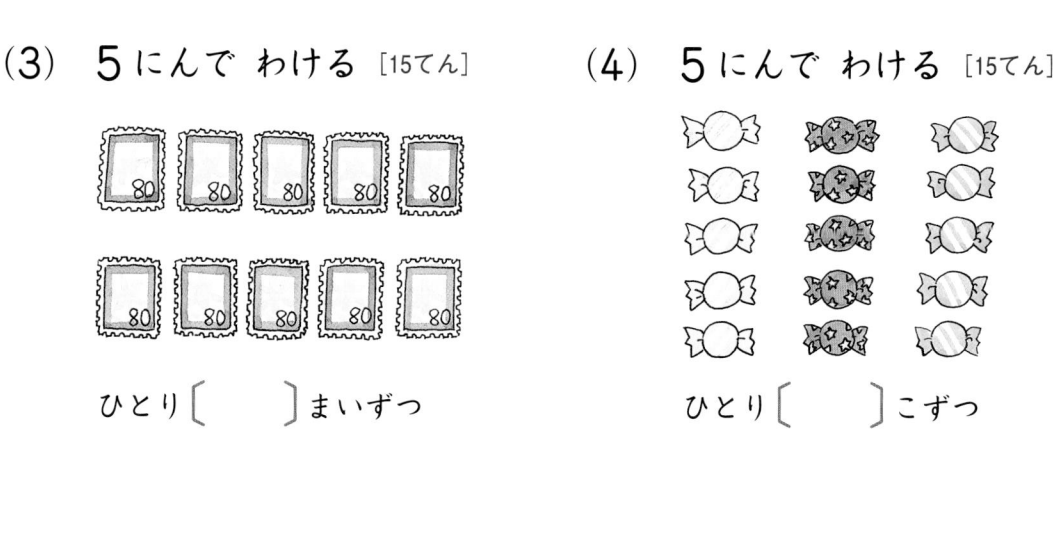

ひとり〔　　〕まいずつ

（4） **5** にんで わける [15てん]

ひとり〔　　〕こずつ

（5） **4** にんで わける [20てん]

ひとり〔　　〕こずつ

（6） **3** にんで わける [20てん]

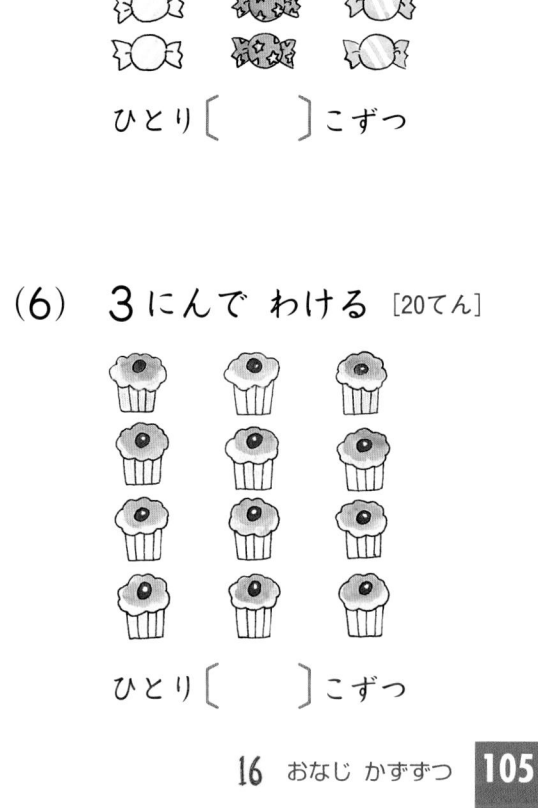

ひとり〔　　〕こずつ

かず しらべ

こたえ → 127 ページ

▷ たなに ならんだ ぬいぐるみを，どうぶつごとに かぞえましょう。したの ひょうに いろを ぬると よく わかります。

① くまの ぬいぐるみは いくつ ありますか。 ◻つ

② いちばん おおい ぬいぐるみは なんですか。 ◻

③ いちばん おおい ぬいぐるみと すくない ぬいぐるみの ちがいは，いくつ ですか。 ◻つ

17 たすのかな ひくのかな

学習のねらい

問題が与えられたとき，その問題は，たし算・ひき算のどちらで解くのかの判断力を養います。

きょうかしょのまとめ

☆ はんの ひとに みかんを 1こ ずつ くばります。

　みかんは なんこ いるでしょう。

$6+5=11$　こたえ 11こ

5を 4と 1に わけます。

はんのにんずう

おとこ 6にん

おんな 5にん

☆ こどもが 13にん あそんで います。そのうち 6にんは おとこ のこです。おんなのこは なんにん でしょう。

$13-6=7$　こたえ 7にん

1 たすのかな ひくのかな

もとに なる ことがら

ものと ひとの かず，ぜんぶの かずと いちぶぶんの
かずを いろいろ しらべます。

❶ 5つの いすに ひとりずつ す
わり，うしろに 4にん たって
しゃしんを とります。

　なんにん そろって しゃしんを
とるのでしょう。

5＋4＝□　　こたえ（　　）にん

いすが 5つ あるので すわるのは 5にんです。

❷ ねんがはがきを 13まい
かいました。

　8にんに だしました。

　なんまい のこって いるで
しょう。

13−8＝□

　　　　こたえ（　　）まい

10から 8を ひくと 2
2と 3を たします。

こたえ → べっさつ30ページ

きょうかしょのドリル

こたえ → べっさつ31ページ

❶ さらが 10まい, ケーキ
が 8こ あります。1まい
の さらに ケーキを 1こず
つ のせます。

　さらは なんまい のこる
でしょう。

しき（　　　　　　　　　）

　　　こたえ（　　　）まい

❷ こどもかいに おとこのこが 6にん,
おんなのこが 5にん あつまりました。

　ひとりに 1まいずつ がようしを く
ばります。

　がようしは なんまい いるでしょう。

しき（　　　　　　　　　）

　　　こたえ（　　　）まい

❸ あかと くろの きんぎょ
が あわせて 15ひき いま
す。

　あかは 8ひき います。

　くろは なんびき いるで
しょう。

しき（　　　　　　　　　）

　　　こたえ（　　　）ひき

1 いすに 4 にん すわって います。まだ あいて いる いすが 3 きゃく あります。

　いすは ぜんぶで なんきゃく あるでしょう。[30てん]

しき〔　　　　　　　　〕　こたえ〔　　　〕きゃく

2 いろがみを ひとりに 1まいずつ くばります。おとこのこが 9 にん, おんなのこが 7 にん います。

　いろがみは ぜんぶで なんまい いるでしょう。[30てん]

しき〔　　　　　　　　〕

こたえ〔　　　〕まい

3 はとを 12わ とばしました。7わ かえって きました。

　まだ なんば かえって こないのでしょう。[40てん]

しき〔　　　　　　　　〕　こたえ〔　　　〕わ

テストにでるもんだい②

こたえ → べっさつ31 ページ
じかん**10**ぷん

1 こどもが 12にん あそんで います。そのうち 5にんは おんなのこです。

おとこのこは なんにんでしょう。[30てん]

しき〔　　　　　　　　　〕

こたえ〔　　　〕にん

2 みかんが 11こ あります。

6にんの こどもに 1こずつ あげると, みかんは なんこ のこるでしょう。[30てん]

しき〔　　　　　　　　〕 こたえ〔　　　〕こ

3 ふうせんを ひとりに 1こずつ くばります。

おとこのこが 8にん, おんなのこが 6にん います。

ふうせんは ぜんぶで なんこ いるでしょう。[40てん]

しき〔　　　　　　　　〕 こたえ〔　　　〕こ

おもしろ さんすう なぞなぞ けいさん

こたえ → 127ページ

なにが かいて あるのかな？

● けいさんを します。

● ☐ の なかには，それぞれの こたえに あう ひらがなを いれます。

● さあ，どんな ことが かいて あるのでしょう。

1	2	3	4	5	6	7	8	9	10	11	12	13
い	か	こ	し	た	で	と	ど	ま	も	り	る	を

10−7 ☐   2+6 ☐   9+1 ☐   11−9 ☐   7−6 ☐   15−9 ☐

10−8 ☐   7+5 ☐   9−4 ☐   14−7 ☐   8+3 ☐   4+9 ☐

13−9 ☐   1+8 ☐   11−7 ☐   13−8 ☐

18 かたちづくり

学習のねらい

図形の一部を動かしたとき，
図形はどのように変わるかを調べます。

きょうかしょ
のまとめ

★ いろがみを つかって, いろいろな かたちを つくりましょう。

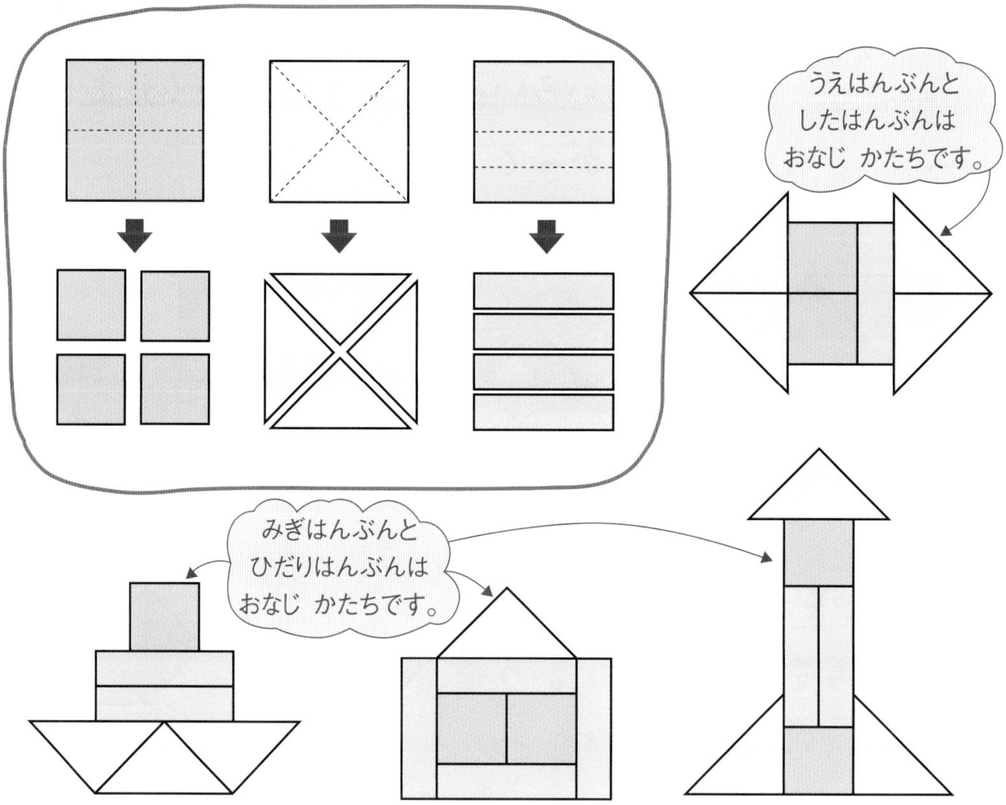

うえはんぶんと
したはんぶんは
おなじ かたちです。

みぎはんぶんと
ひだりはんぶんは
おなじ かたちです。

1 かたちづくり

さんかくや しかくを つかって, いろいろな ものを つくり, ならべかたや かたちを しらべます。

❶ どんな かたちの なかまでしょう。☐の なかに「まる」,「さんかく」,「しかく」をかきましょう。

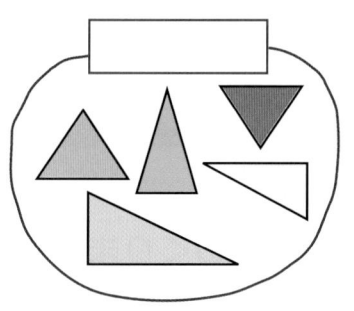

❷ いろいたを ならべて, いろいろな かたちを つくりました。いろいたを なんまい つかって いるでしょう。

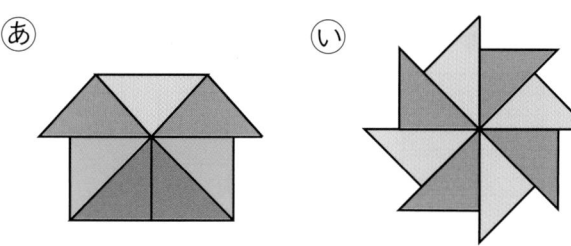
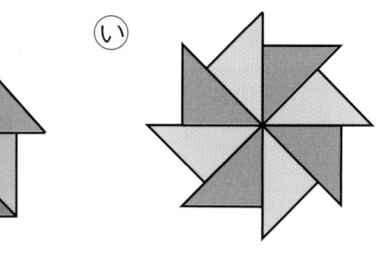
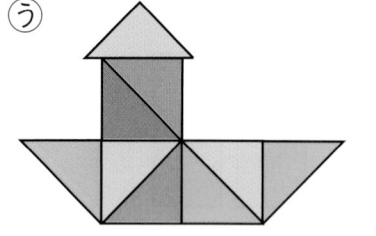

（　　　　）まい　（　　　　）まい　（　　　　）まい

❸ いろいたを 1まい うごかして, かたちを かえました。うごかした いろいたに ○を つけましょう。

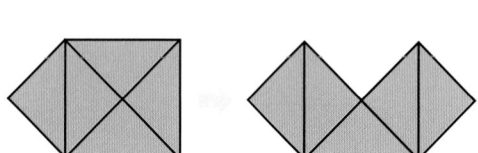
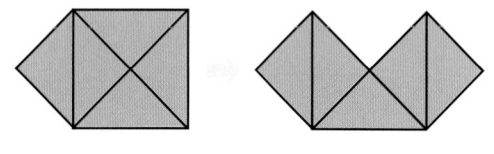

こたえ → べっさつ32ページ

きょうかしょのドリル

1 まっすぐな せんだけで できている かたちは どれでしょう。

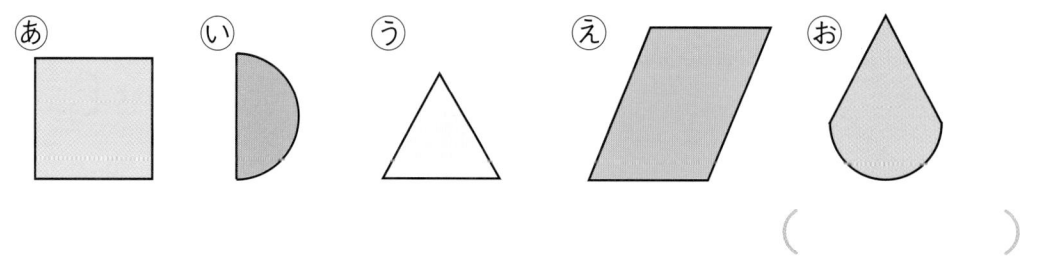

（あ）　　（い）　　（う）　　（え）　　（お）

（　　　　　　　）

2 したの かたちは ◢ を なんまい つかって つくったので
しょう。

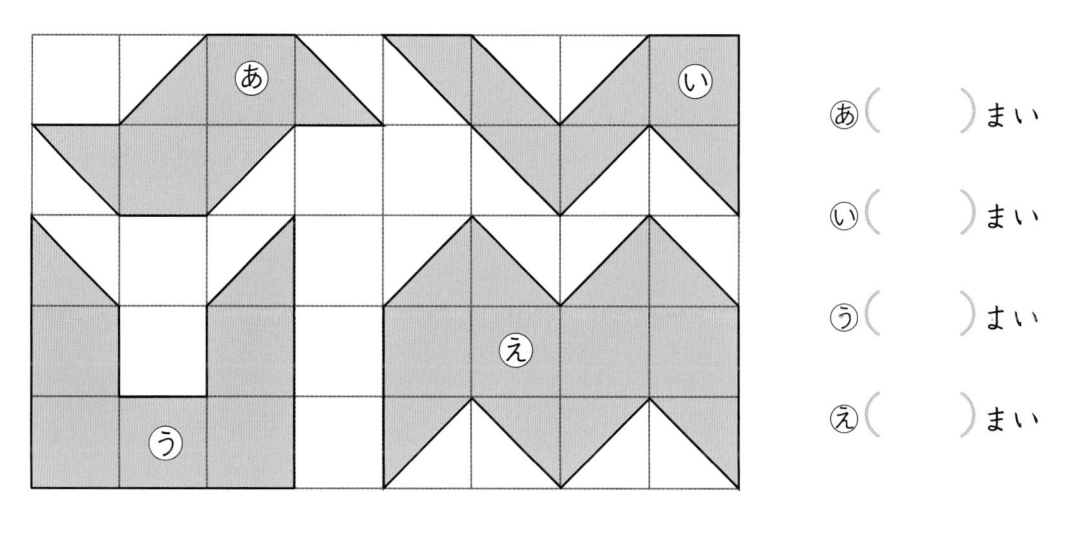

あ（　　　）まい

い（　　　）まい

う（　　　）まい

え（　　　）まい

3 いろいたを 1まい うごかして, かたちを かえました。
うごかした いろいたに ○を つけましょう。

(1)　　　　　　　　　　　　(2)

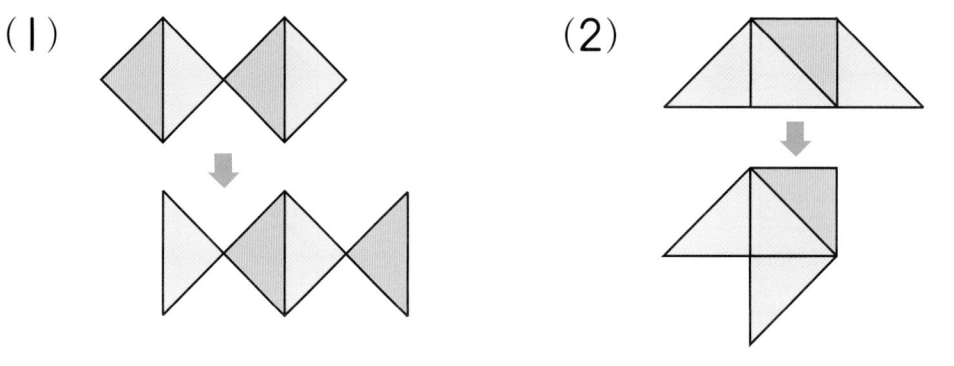

1 さんかく，しかく，まるが，それぞれ なんこ あるでしょう。

[10てんずつ…ごうけい30てん]

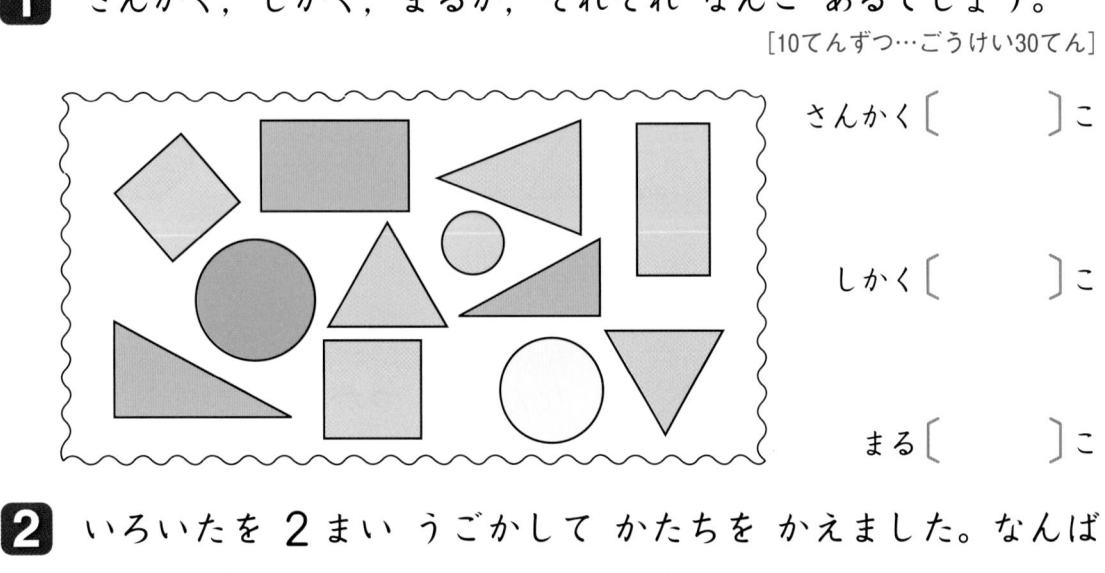

さんかく〔　　　〕に

しかく〔　　　〕に

まる〔　　　〕に

2 いろいたを **2**まい うごかして かたちを かえました。なんばんと なんばんの いろいたを うごかしたのでしょう。

[15てんずつ…ごうけい30てん]

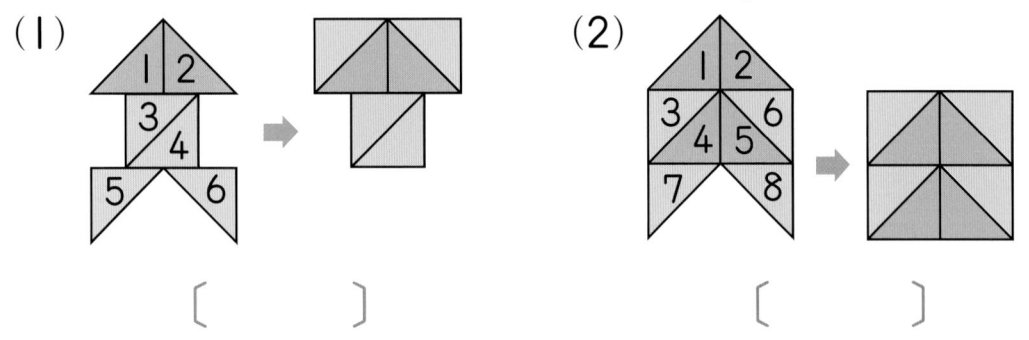

（1）　〔　　　　　〕　　　　（2）　〔　　　　　〕

3 ◢ の いろいたを **4**まい つかって，できて いる かたちの ばんごうを かきましょう。[40てん]

〔　　　　　〕

テストにでるもんだい②

こたえ → べっさつ33ページ
じかん**10**ぷん

1 ぼうを ならべて, いろいろな かたちを つくりました。なんぼん つかって つくったのでしょう。

［10てんずつ…ごうけい40てん］

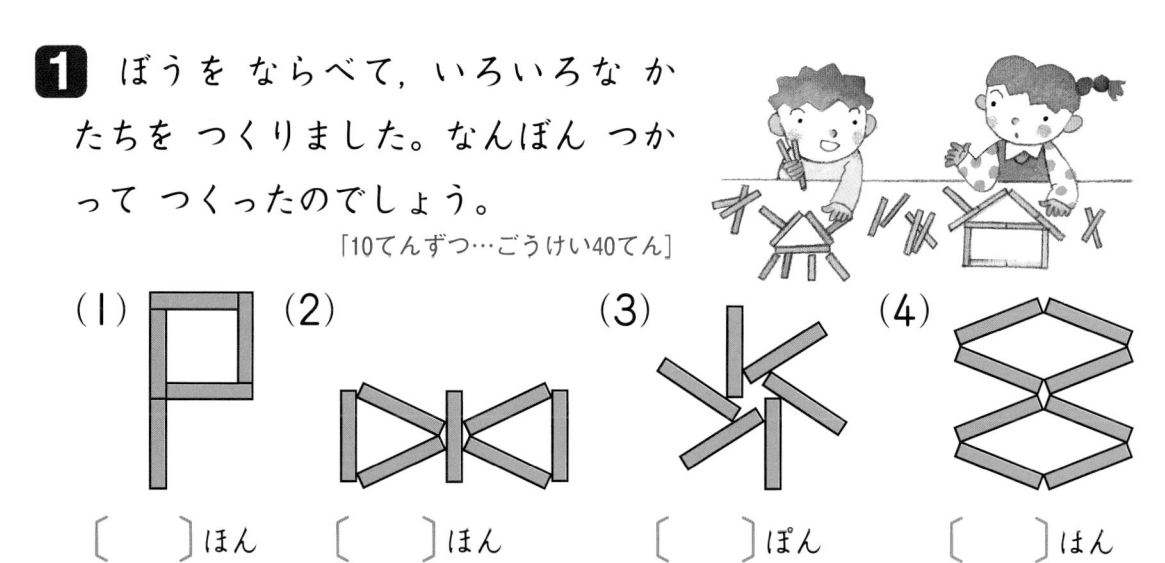

(1) 〔　　　〕ほん

(2) 〔　　　〕ほん

(3) 〔　　　〕ぽん

(4) 〔　　　〕ほん

2 ぼうを **2**ほん うごかして, かたちを かえました。うごかした ぼうに ○を つけましょう。［15てんずつ…ごうけい30てん］

(1)

(2)

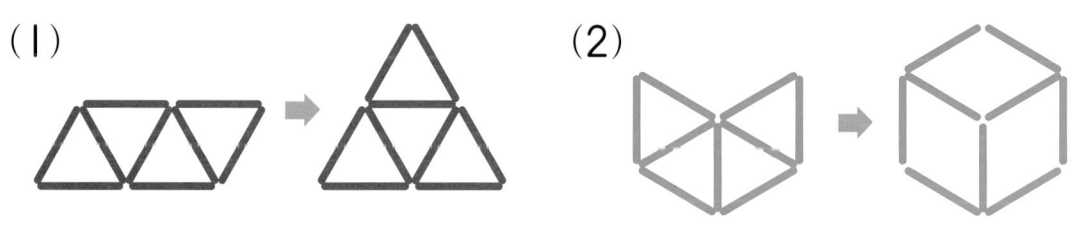

3 いろがみを みぎのように きりました。

　(1), (2), (3) の かたちの まんなかの しろい ところに ちょうど あてはまるのは, ⓐ, ⓘ, ⓤ, ⓔ, ⓞ, ⓚの うちの どれでしょう。

［10てんずつ…ごうけい30てん］

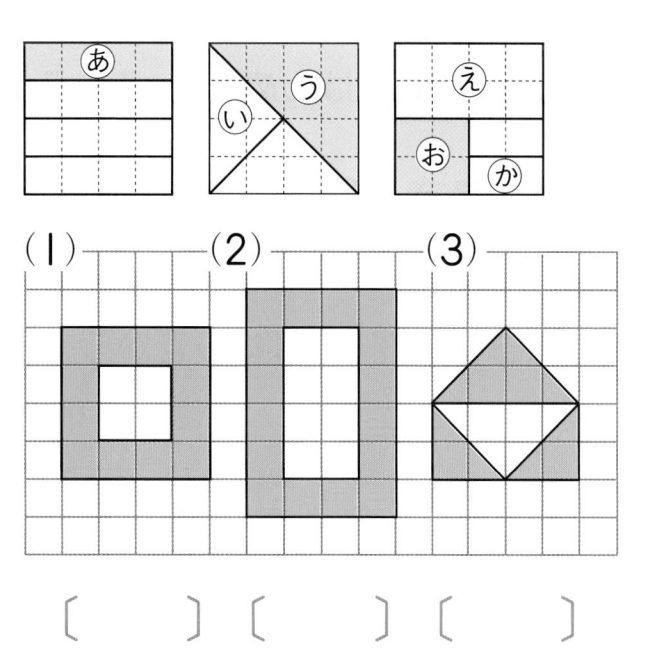

(1) 〔　　　　〕 (2) 〔　　　　〕 (3) 〔　　　　〕

せきは どこかな?

こたえ → 127 ページ

▷ ゆきなさんの きょうしつの ようすです。

① ゆきなさんの ふたつ うしろは [　　　]さんです。

② みぎから 3 ばんめ うしろから 2 ばんめは [　　　]さんです。

③ けいたさんの せきは みぎから [　]ばんめ, まえから [　]ばんめです。

④ まおさんの せきは みぎから かぞえると [　]ばんめ, ひだりから かぞえると [　]ばんめです。

⑤ ゆうとさんの 3つ まえ, 3つ ひだりは [　　　]さんです。

19 おおい ほう すくない ほう

学習のねらい

大小2つの数量のうちの一方とその差をもとにして，
他の一方の数量を求める問題を中心に勉強をすすめます。

きょうかしょ
のまとめ

⭐ みかんが 8こ あります。

りんごは みかんより 6こ おお
いそうです。りんごは なんこ ある
でしょう。

$$8+6=14$$

> 8こより 6こ
> おおいので
> たしざんです。

こたえ 14こ

⭐ おんなのこが 14にん います。

おとこのこは おんなのこより
8にん すくないそうです。

おとこのこは なんにん いるで
しょう。

$$14-8=6$$ こたえ 6にん

1 おおい ほう すくない ほう

もとに なる ことがら

2つの かずの ちがいを つかって, たしざん・ひきざんを します。

❶ まんがの ほんが 8さつ あります。どうわの ほんは, それより 5さつ おおいそうです。

どうわの ほんは なんさつ ある でしょう。

8+5=□   こたえ（　　）さつ

❷ おはじきとりを しました。あきこさんは 11こ とりました。

まさこさんは 2こ まけたそうです。

まさこさんは なんこ とったのでしょう。

11-2=□   こたえ（　　）こ

こたえ → べっさつ34ページ

きょうかしょのドリル①

こたえ → べっさつ34ページ

1 あおいさんは おはじきを 9こ もっています。ひろかさんは あおいさんより 4こ おおく もって います。

　ひろかさんは なんこ もって いるでしょう。

しき（　　　　　）　こたえ（　　）こ

2 まさやさんの くみの おとこのこは 12にんです。おんなのこは おとこのこより 3にん すくないそうです。

　おんなのこは なんにんでしょう。

しき（　　　　　）　こたえ（　　）にん

3 あおい ふうせんが 9こ あります。あかい ふうせんは，あおい ふうせんより 2こ おおいそうです。

　あかい ふうせんは なんこ あるでしょう。

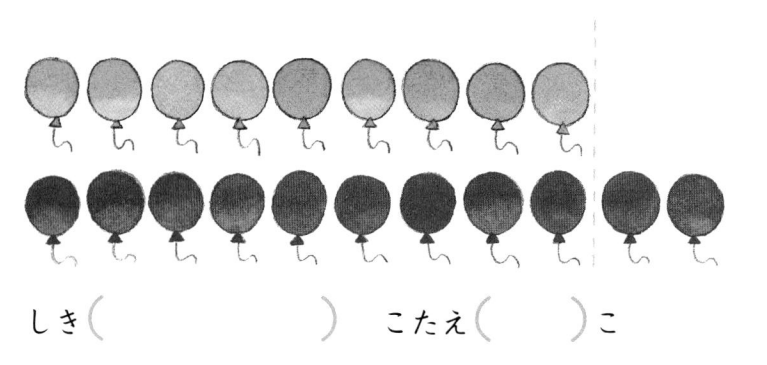

しき（　　　　　）　こたえ（　　）こ

4 おおきい ノートが 15さつ あります。ちいさい ノートはそれより 8さつ すくないそうです。

　ちいさい ノートは なんさつ あるでしょう。

しき（　　　　　）　こたえ（　　）さつ

きょうかしょのドリル②

こたえ → べっさつ35ページ

❶ 13にんで いすとりゲームを します。いすは 8きゃく あります。すわれない ひとは なんにんでしょう。

しき（　　　　　　　　） こたえ（　　　）にん

❷ くろい こいが 15ひき います。あかい こいは くろい こいより 6ぴき すくないそうです。

あかい こいは なんびき いますか。

しき（　　　　　　　　） こたえ（　　　）ひき

❸ あさ, こうえんで 16にん あそんで いました。

いまは 9にん あそんで います。

なんにん かえったのでしょう。

しき（　　　　　　　　） こたえ（　　　）にん

❹ ゆうかさんは まえから 7ばんめに ならんで います。ゆうかさんの うしろに 4にん います。

みんなで なんにん ならんで いますか。

ゆうか
↓

しき（　　　　　　　　） こたえ（　　　）にん

1 あかい いろがみが 9まい あります。あおい いろがみは, あかい いろがみより 4まい おおいそうです。

あおい いろがみは なんまい あるでしょう。[25てん]

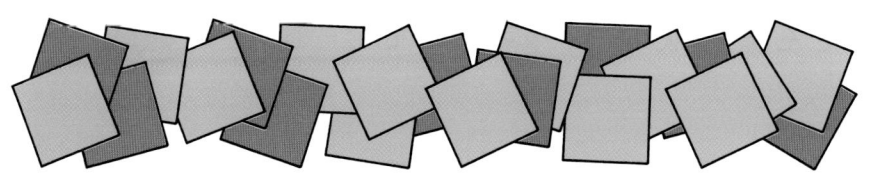

しき〔　　　　　　　　〕 こたえ〔　　　〕まい

2 どうわの ほんが 14さつ あります。まんがの ほんは それより 5さつ すくないそうです。

まんがの ほんは なんさつ あるでしょう。[25てん]

しき〔　　　　　　　　〕 こたえ〔　　　〕さつ

3 あかい はなが 8ほん さいて います。あおい はなは それより 4ほん おおく さいて いるそうです。

あおい はなは なんぼん さいて いるでしょう。[25てん]

しき〔　　　　　　　　〕 こたえ〔　　　〕ほん

4 つくしとりで ぼくは 9ほん とりました。おにいさんは ぼくより 8ほん おおく とりました。

おにいさんは なんぼん とったのでしょう。

[25てん]

しき〔　　　　　　　　〕 こたえ〔　　　〕ほん

テストにでるもんだい②

こたえ → べっさつ36ページ
じかん**10**ぷん

とくてん [　　　] てん

1 さかなつりで おとうさんは **11**ぴき つりました。けんとさんは それより **3**びき すくなかったそうです。

けんとさんは なんびき つったのでしょう。[25てん]

しき〔　　　　　　　〕 こたえ〔　　　〕ひき

2 なわとびを しました。ひろきさんは **8**かい とびました。おねえさんは ひろきさんより，**6**かい おおく とんだそうです。おねえさんは なんかい とんだのでしょう。

[25てん]

しき〔　　　　　　　〕 こたえ〔　　　〕かい

3 みかんが **12**こ あります。りんごは みかんより **4**こ すくないそうです。りんごは なんこ あるでしょう。[25てん]

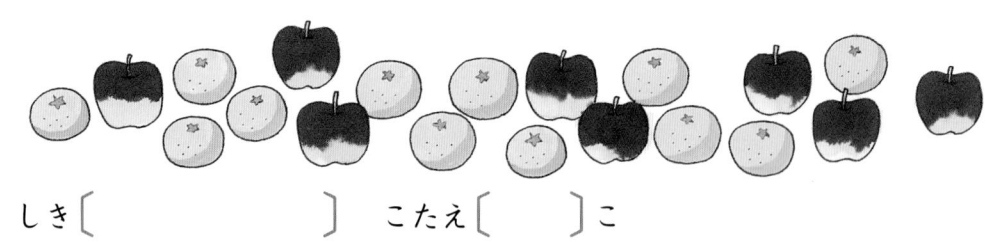

しき〔　　　　　　　〕 こたえ〔　　　〕こ

4 あかぐみは なんこ はいったのでしょう。[25てん]

しろぐみは 25こ はいった。

しろぐみより 5こ おおく はいった。

しき〔　　　　　　　〕 こたえ〔　　　〕こ

こたえ → べっさつ36ページ
じかん **10** ぷん

とくてん □ てん

1 8にんが ケーキを 1こずつ たべました。まだ 7こ あります。

ケーキは ぜんぶで なんこ あったのでしょう。[25てん]

しき〔　　　　　〕　こたえ〔　　　〕こ

2 ふうせんが 13こ あります。8にんの こどもに 1こずつ くばります。なんこ のこるでしょう。[25てん]

しき〔　　　　　〕　こたえ〔　　　〕こ

3 つくえが 6こ あります。いすは つくえより 4きゃく おおいそうです。いすは なんきゃく あるでしょう。[25てん]

しき〔　　　　　〕　こたえ〔　　　〕きゃく

4 こどもが 13にん ならんで います。ひろのりさんは まえから 9ばんめです。ひろのりさんは うしろから なんばんめでしょう。

[25てん]

ひろのり
↓

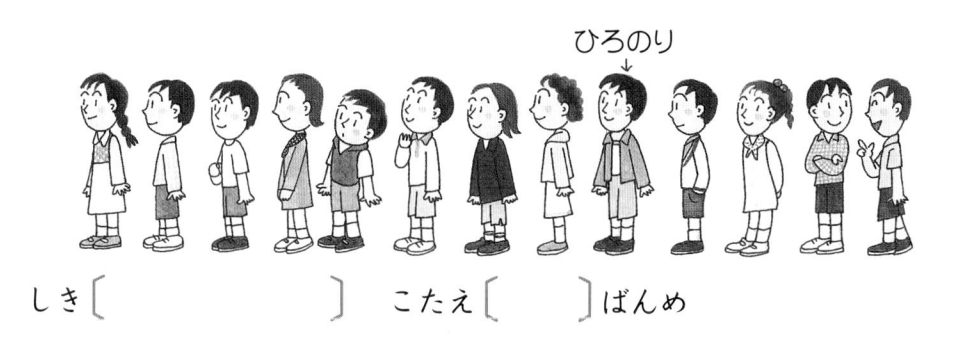

しき〔　　　　　〕　こたえ〔　　　〕ばんめ

おもしろさんすう の こたえ

<**24** ページ>

① 6　② 7　③ 9
④ 2　⑤ 4　⑥ 5

<**30** ページ>

1＋6と3＋4と2＋5
5＋3と2＋6と4＋4
6＋3と4＋5と8＋1
6＋4と3＋7と5＋5

<**36** ページ>

◯でかこむもの
① (1) 9−3　(2) 8−6
　 (3) 9−1　(4) 10−3
② (1) 9−4　(2) 10−1
　 (3) 7−3　(4) 10−6

<**48** ページ>

じゅんに　5, 2, 12, 7,
3, 4, 15, 8

<**54** ページ>

① ⓘ　② ⓤ　③ ⓐ　④ ⓔ
⑤ ⓘ　⑥ ⓔ　⑦ ⓐ　⑧ ⓤ

<**68** ページ>

①
```
        (1)
      [4] [6]
   (3)-[8]-(5)
```

②
```
        (4)
      [10] [6]
   (6)-[8]-(2)
```

③
```
   (5)-[13]-(8)
   [14]     [15]
   (9)-[16]-(7)
```

④
```
   (4)-[11]-(7)
   [9]      [10]
   (5)-[8]-(3)
```

⑤
```
   (8)-[10]-(2)
   [13]     [11]
   (5)-[14]-(9)
```

⑥
```
   (7)-[11]-(4)
   [12]     [10]
   (5)-[11]-(6)
```

<**74** ページ>

● かんづめ → かん → ドロップ
　→ バター → つつの かたち
● さいころ → こうちゃ → メロン
　→ かくざとう → さいころの か
　たち
● キャラメル → ビスケット →
　ティッシュ → せっけん → はこ
　のかたち
● やきゅうの ボール → バレーボー
　ル → ふうせん → サッカーボー
　ル → ボールの かたち

<80 ページ>
◯で かこむもの
① 13−9　② 14−9　③ 14−8
④ 13−7　⑤ 14−9　⑥ 12−7
⑦ 14−6　⑧ 12−5

<100 ページ>
じゅんに
70, 100, 60, 66, 6, 86,
80, 10, 12, 42, 92, 99, 9,
59, 55, 50, 100

<112 ページ>
　こどもかいで かるたとりを しま
した

<12 ページ>
ひかる 3　ゆうな 1　しゅん 0
りょう 6　まさみ 0　けんと 4

<42 ページ>
①　じゅんに　17, 11
②　じゅんに　7から19まで
　　　　　　　2から15まで
③　じゅんに　4, 8, 15, 19

<62 ページ>
①　じゅんに　1, 2, 2, 4
　1+2+2+4=9　9(まい)
②　じゅんに　3, 3, 4, 5
　3+3+4+5=15　15(まい)

<88 ページ>
① 117　② 106　③ 112
④ 117　⑤ (1)113　(2)121
⑥ じゅんに　104, 112, 117

<106 ページ>
① 6(つ)　　② いぬ
③ 6(つ) (いぬが 9つで ぶたが
　3つ)

<118 ページ>
① えりか　② しゅん　③ 7, 3
④ 5, 4　⑤ けんと

■ この本をつくるにあたって，次の方がたにたいへんお世話になりました。

大須賀康宏

● 本文デザイン

福永重孝

● 図版・イラスト

伊豆嶋恵理，しばざきさちこ，反保文江，ふるはしひろみ，よしのぶもとこ

シグマベスト

**これでわかる さんすう
しょうがく1ねん**

編著者	文英堂編集部
発行者	益井英郎
印刷所	中村印刷株式会社
発行所	株式会社 **文英堂**

本書の内容を無断で複写（コピー）・複製・転載することは，著作者および出版社の権利の侵害となり，著作権法違反となりますので，転載等を希望される場合は前もって小社あて許諾を求めてください。

〒601-8121　京都市南区上鳥羽大物町28
〒162-0832　東京都新宿区岩戸町17
（代表）03-3269-4231

Σ BEST
シグマベスト

これでわかる さんすう しょうがく1ねん

くわしく わかりやすい

こたえと ときかた

- 「こたえ」は みやすいように，"わくがこみ"の なかに まとめました。
- かんがえかたが よく わかるように，ずや えを たくさん いれました。

➡ 保護者のみなさんに，1年の学習のねらいや内容を知ってもらうように，各項目の初めに「きょうかしょのまとめ」，「もとになることがら」の欄を設けました。

➡ 大切な問題には，「考え方・解き方」をつけ，教え方・覚えさせ方などを示しています。

文英堂

1 10までの かず

きょうかしょのまとめ　5ページ

ここでは，花・虫・鳥などを数えることからはじめて，10までの数字の読み方・書き方・数のならび方・数の大小などを理解させます。

もとになることがら　6ページ

5までの数の数え方，数字の読み方，書き方を覚えさせます。

● 数の唱え方について

右のおはじきの数を表すとき，

「みっつ，さん，さんこ」

などといった唱え方があります。

日本語の数の唱え方には，下のように漢語によるものと，和語によるものとがあります。数字の読み方としては漢語を使いますが，具体的なものの個数をいう場合には，「さん」というよりも「みっつ」というように，和語を使うことが多いようです。

	漢語	和語	
1	イチ	ヒトツ	（ヒー）
2	ニ	フタツ	（フー）
3	サン	ミッツ	（ミー）
4	シ	ヨッツ	（ヨー）
5	ゴ	イツツ	（イツ）
6	ロク	ムッツ	（ムー）
7	シチ	ナナツ	（ナナ）
8	ハチ	ヤッツ	（ヤー）
9	ク	ココノツ	（ココ）
10	ジュウ	トー	（トー）

● 「4」の読み方

4 は「シ」と読むのがふつうですが，「4人」，「4冊」のような場合は，シニン，シサツとは読まずに，ヨニン，ヨンサツと読むのがふつうです。

きょうかしょのドリルのこたえ　7ページ

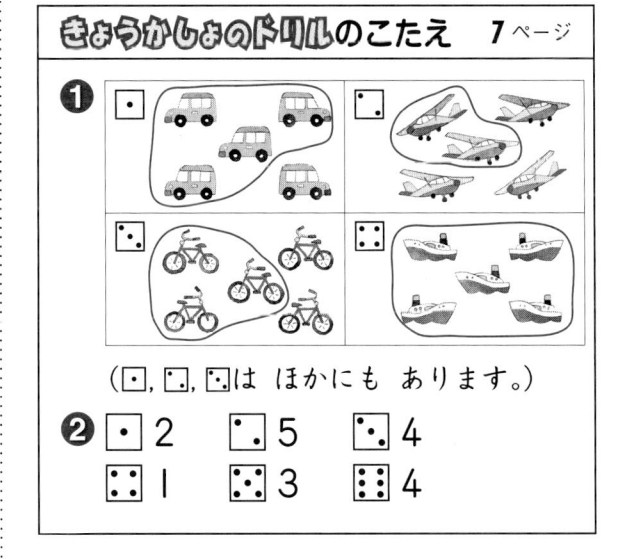

（⚀，⚁，⚂は ほかにも あります。）

② ⚀ 2　⚁ 5　⚂ 4
⚄ 1　⚄ 3　⚅ 4

考え方・解き方

● 数字の書き方

はじめて数字を書くときから，正しい書き方をするようにしたいものです。とくに，下のような点に気をつけて書くようにします。

① 書き順を正しく

「5」の書き順は，下のようなまちがいが多いので，はじめから注意して見てやるとよいでしょう。

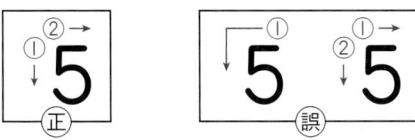

② 鏡文字にならないように

「3」と「4」は，次のように，鏡文字を書く子がいます。この点にも注意してください。

3 → Ɛ　　4 → ߁

もとになることがら　　8ページ

はじめて，数字を読んだり書いたりするところですから，標準的なものを示しています。

- 「7」，「9」の読み方
  1から10までの数を読むときには，この本に示したとおりでよいのですが，700や900は「シチヒャク」，「クヒャク」とは読まずに，「ナナヒャク」，「キュウヒャク」と読むのがふつうです。

きょうかしょのドリルのこたえ　　9ページ

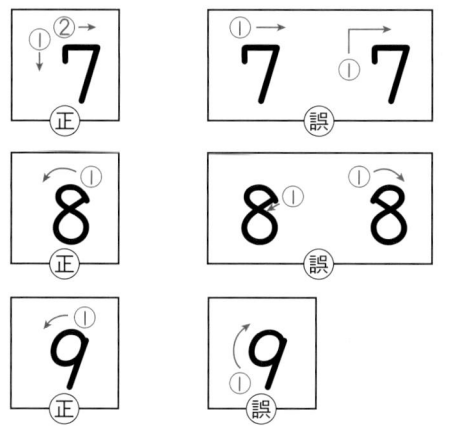

（⊡,⊡,⊡ は ほかにも あります。）

❷ ⊡6　⊡10　⊡8
　　⊡7　⊡10　⊡9

考え方・解き方

- 7，8，9，0の書き方
  7，8，9，0の書き方については，次のようなまちがいがよくあります。

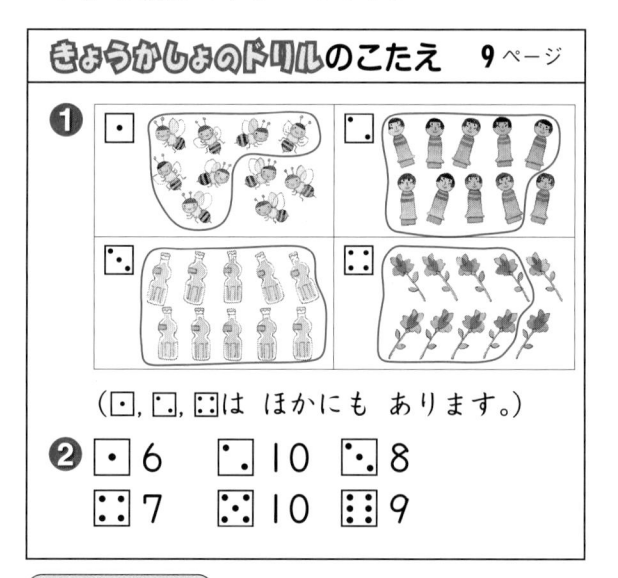

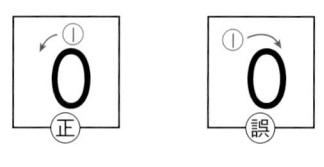

テストにでるもんだい①のこたえ　　10ページ

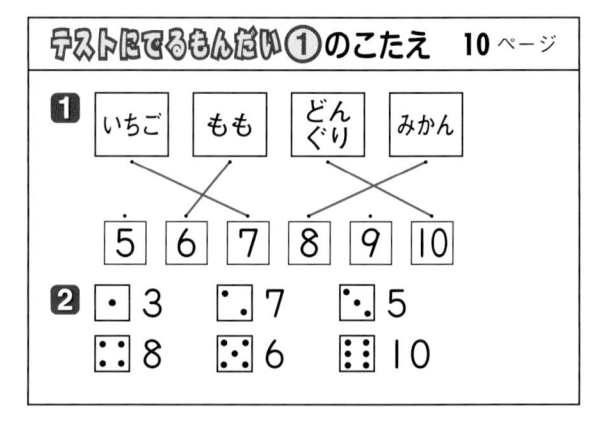

テストにでるもんだい②のこたえ　　11ページ

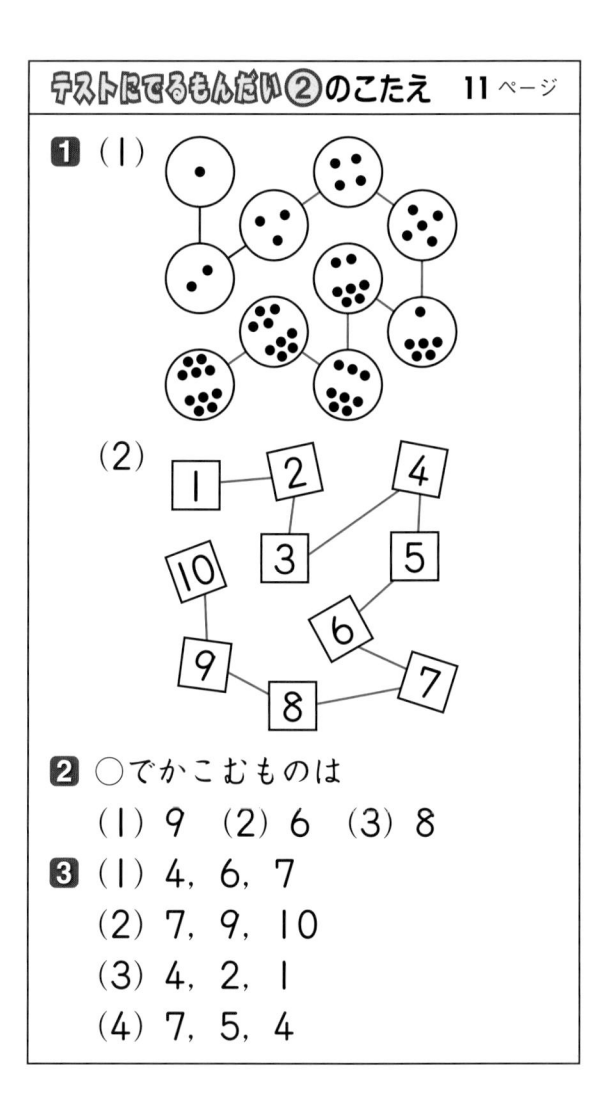

❷ ○でかこむものは
　　(1) 9　(2) 6　(3) 8

❸ (1) 4，6，7
　　(2) 7，9，10
　　(3) 4，2，1
　　(4) 7，5，4

（考え方・解き方）

● 数のならび方

 1, 2, 3, 4, 5, 6, 7, 8, 9, 10と, 数を順序よくならべること, つまり, 数のならび方を知ることは, 今後学習する, 100, 1000 というような大きな数の理解につながるので, ひじょうに大切なことなのです。

 おはじきや数え棒などを使って, 1ずつふやしたり1ずつへらしたりして, 数がふえたりへったりすることを経験しておくと, 数が1, 2, 3, 4, …, 10と順にならんでいることが, よくわかります。

❸ （1） 1から順にならんでいます。
 （2） 4から順にならんでいます。
 （3） 7から逆の順にならんでいます。
 （4） 10から逆の順にならんでいます。

2 なんばんめ

きょうかしょのまとめ　13ページ

ここでは
・順序（順番）を表す数を知ること
・左右, 前後, 上下など, 方向や位置を表すこと
を理解させます。

もとになることがらのこたえ　14ページ

（1） 3（ばんめ）
（2） 2（ばんめ）
（3） 2（ばんめ）
（4） 4（ばんめ）

（考え方・解き方）

● 順序を表す数

 1, 2, 3, …といった数（**自然数**）が使われるのは

① ものの集まりの大きさを表すときに使う場合（**計量数**）

② あるものの順番を表すときに使う場合（**順序数**）

があります。

 数の基本は計量数であると考えられていますが, 日常の生活の中には, テレビのチャンネル, 時計の文字盤, カレンダーの日付, 徒競走やマラソンなどの順位など, 順序数もたくさん出てきます。

 なお, 順番を考えるとき, 「上から」や, 「前から」はよく理解できるのですが, 「左から」や, 「右から」の場合はよくまちがえるので注意してください。

きょうかしょのドリルのこたえ　15ページ

❶ （1） たかやさん
 （2） 6（ばんめ）
❷ （1） ✿ ✿ ✿ ❀ ✿
 （2） ★ ★ ★ ☆ ☆
❸ （1） 3（ばんめ）
 （2） パンダ

テストにでるもんだい① のこたえ　16ページ

■ （1）
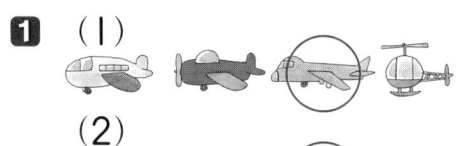
 （2）

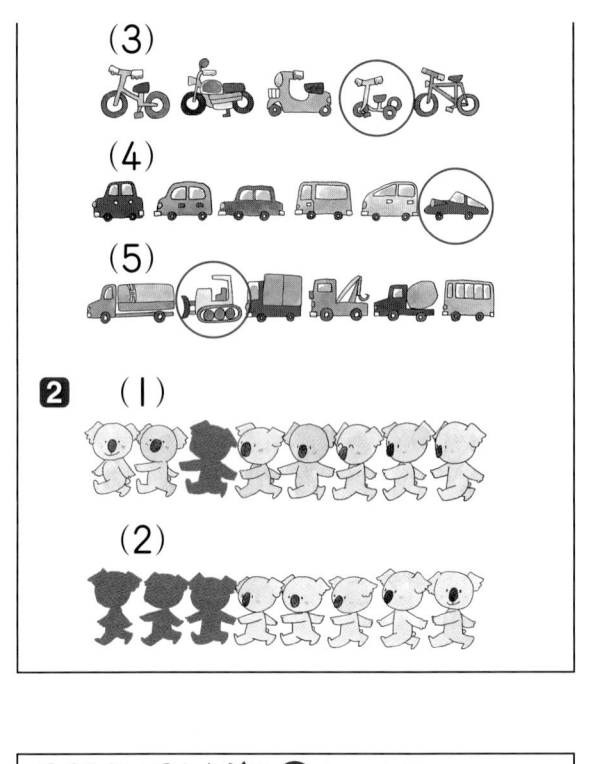

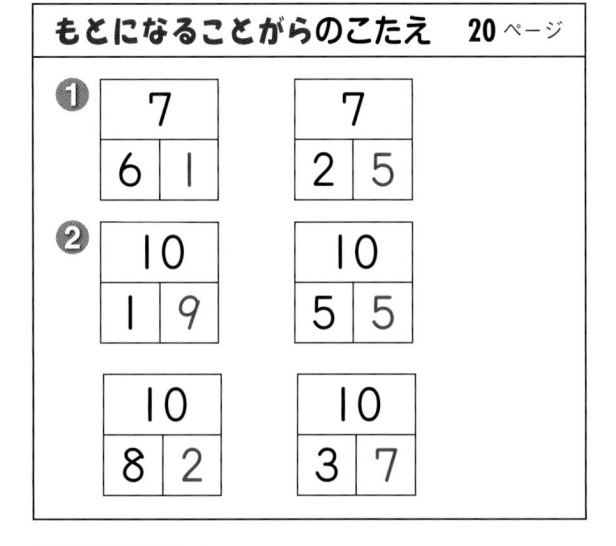

テストにでるもんだい②のこたえ　**17** ページ

1　(1)　はさみ
　　(2)　にんぎょう
　　(3)　3(ばんめ)
　　(4)　2(ばんめ)
　　(5)　じどうしゃ
2　(1)　4(ばんめ)
　　(2)　4(にん)

考え方・解き方

● 数を構成するということ
　数を右のように表したとき，これは「7は6と1をあわせた数」「6と1をあわせると7になる」というようにみることにします。このような数の表し方は，下の図のような形式を使うこともあります。

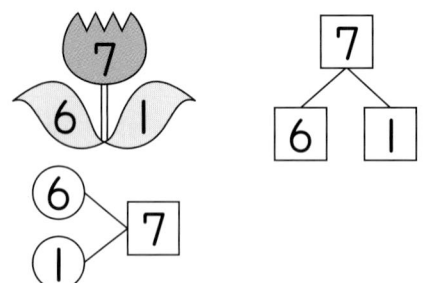

● 「10」の構成
　10という数の構成をはっきり知っておくことは，9＋3，11－3などの計算をするときに，どうしても必要になります。そのために，10の構成はとくに念入りにやっておきましょう。

$$9+3=9+(1+2)$$
$$=(9+1)+2$$
$$=10+2$$
$$=12$$

3 いくつと いくつ

きょうかしょのまとめ　**19** ページ

5は1と4をあわせた数，2と3をあわせると5になるということを通して，1つの数をほかの2つの数と関係づけてみることを学びます。

$$11-3=(10+1)-3$$
$$=10+1-3$$
$$=(10-3)+1$$
$$=7+1$$
$$=8$$

そこで, 10については, 下のような図を示して,

$$10は\begin{cases}1と9, 2と8, 3と7, \\ 4と6, 5と5, 6と4, \\ 7と3, 8と2, 9と1\end{cases}$$

という9通りの構成がはっきりとらえられるようにしたわけです。

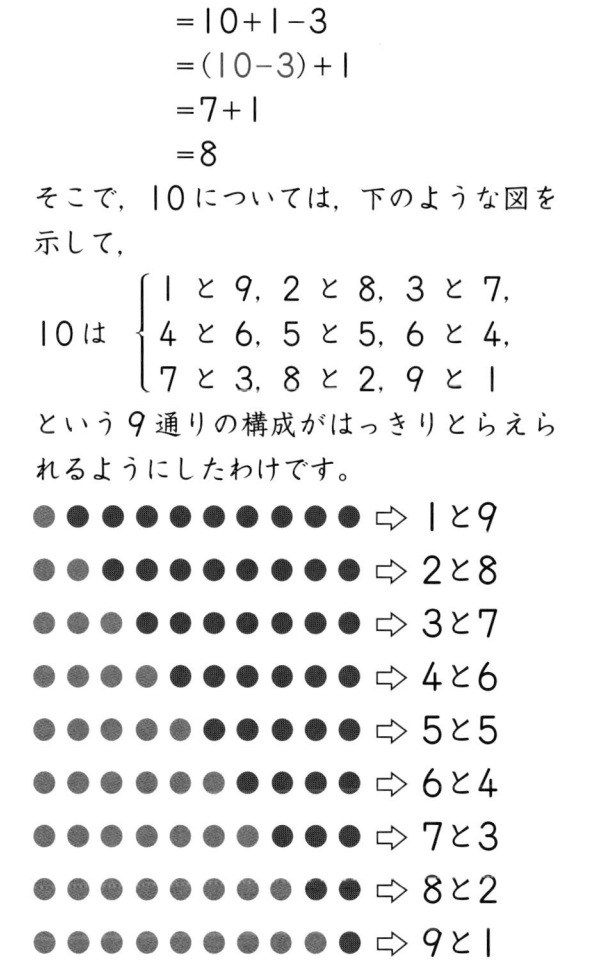

●●●●●●●●●● ⇨ 1と9
●●●●●●●●●● ⇨ 2と8
●●●●●●●●●● ⇨ 3と7
●●●●●●●●●● ⇨ 4と6
●●●●●●●●●● ⇨ 5と5
●●●●●●●●●● ⇨ 6と4
●●●●●●●●●● ⇨ 7と3
●●●●●●●●●● ⇨ 8と2
●●●●●●●●●● ⇨ 9と1

きょうかしょのドリルのこたえ　21ページ

❶

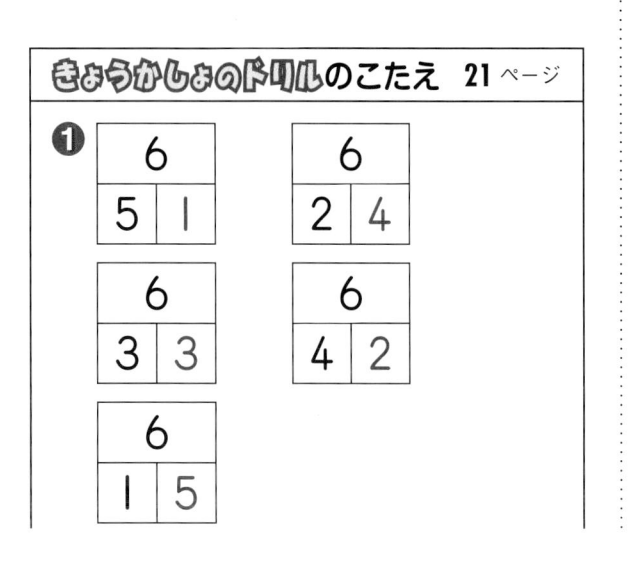

6	
5	1

6	
2	4

6	
3	3

6	
4	2

6	
1	5

❷

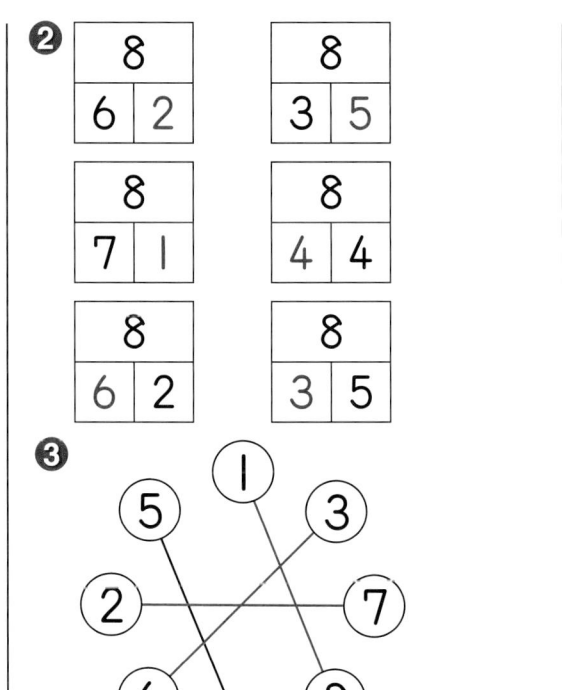

8	
6	2

8	
3	5

8	
7	1

8	
4	4

8	
6	2

8	
3	5

❸

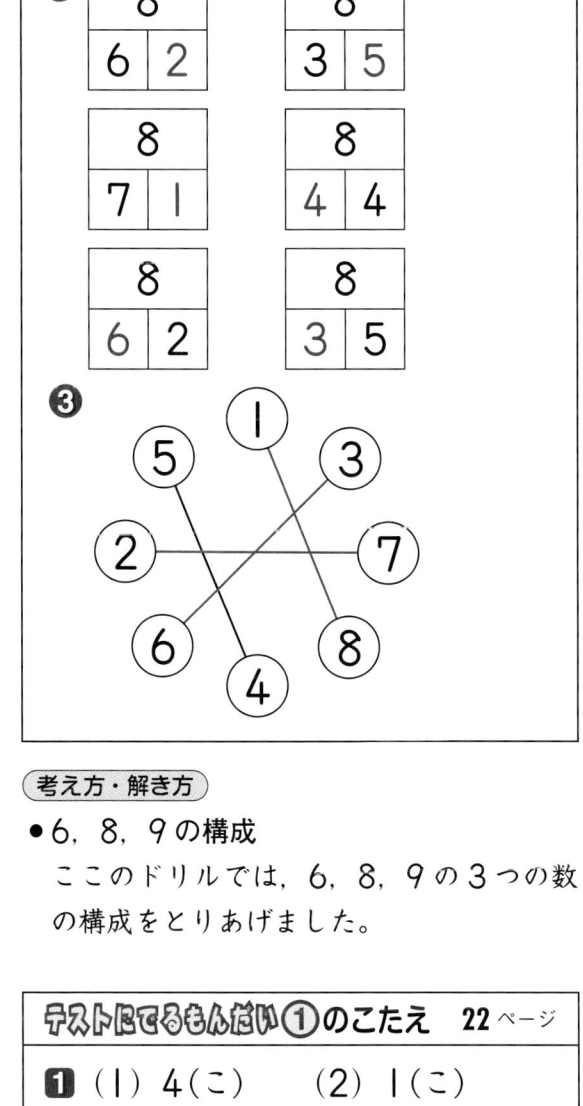

考え方・解き方

● 6, 8, 9の構成

ここのドリルでは, 6, 8, 9の3つの数の構成をとりあげました。

テストにでるもんだい①のこたえ　22ページ

❶ (1) 4(こ)　　(2) 1(こ)
　 (3) 3(こ)

❷ (1) 4　　(2) 3　　(3) 4
　 (4) 6　　(5) 1　　(6) 2
　 (7) 3　　(8) 4

❸ (1)

（2）

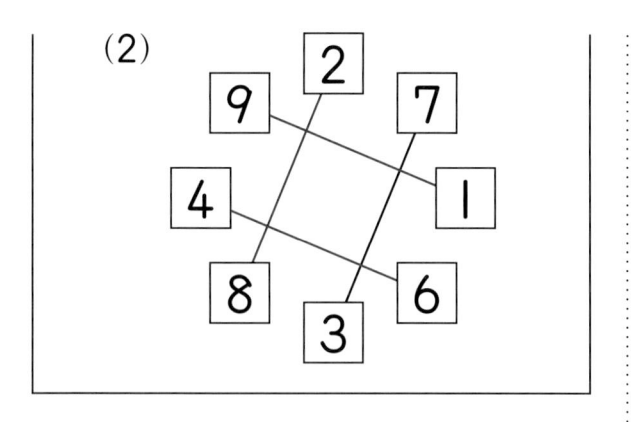

---

❶ 5（こ）

❷ （1）3　　（2）5　　（3）8
　　 （4）9　　（5）10　　（6）10

❸

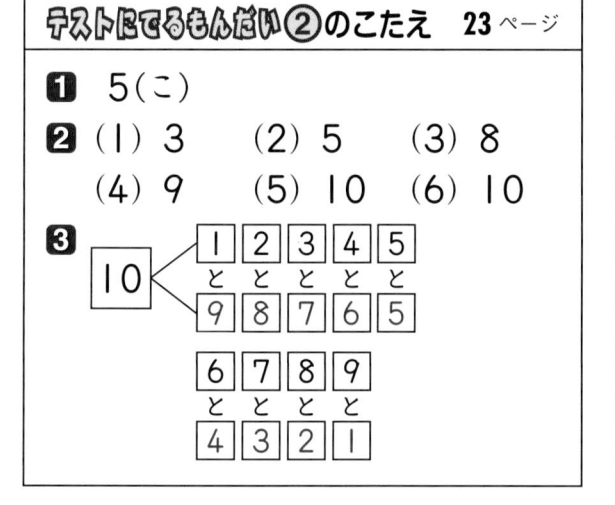

---

4 たしざん（１）

きょうかしょのまとめ　25 ページ

どんなときに，たし算を使うのかを
はっきり理解させることが大切です。
また，たし算の記号（＋）や式の読み
方，書き方を覚えさせましょう。

● 10までの数のたし算
　 10までの数の読み方・書き方がわかった
ので，こんどは
　（１けたの数）＋（１けたの数）
　　　　　　＝（10以下の数）

のたし算ができるようにします。最も基本
的なたし算です。

● 0のたし算
　 5＋0，0＋0のような，0についてのた
し算の意味を知らせておきましょう。

もとになることがら　26 ページ

どういう場合にたし算を使うのかを
示しています。

● たし算を使う場面
　 どのようなときにたし算を使うのかを整理
すると，次の2つの場面があります。
　 ⓐ　あわせていくつ
　　 下の図のように，2つのかごにはいって
いるりんごをひとまとめにするような場
合です。

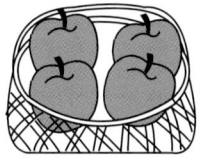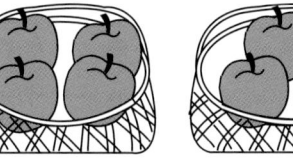

　 ⓘ　ふえるといくつ
　　 「ゆうきさんは本を4冊もっています。
お母さんに2冊買ってもらうと，何冊
になるでしょう。」
　　 のように，もとになる1つの数に，他
の数が加えられる場合です。

● 0のたし算
　 2＋0＝2，0＋2＝2，0＋0＝0のように，
0にたしても，0をたしても，答えはもと
の数と変わらないことに注意させましょう。

〔注意〕 1けた＋1けた＝2けた　のたし算
はここでは扱いません。しかし，和が10に
なるもの
　　　　　7＋3＝10，5＋5＝10
などは計算させてください。

きょうかしょのドリルのこたえ　27ページ

❶（1）5＋3＝8
　（2）4＋2＝6
　（3）6＋4＝10
　（4）3＋0＝3
❷（1）3＋1＝4
　（2）5＋5＝10
❸（1）7　　（2）9　　（3）10
　（4）8　　（5）10　（6）6
　（7）9　　（8）7　　（9）0

考え方・解き方

● 計算の種類とまちがえやすいもの
　ここに出てくるたし算は，0のたし算をのぞいて，次の45種類があります。

+1
　1＋1　　　2＋1　　　3＋1
　4＋1　　　5＋1　　　6＋1
　7＋1　　　8＋1　　　9＋1
+2
　1＋2　　　2＋2　　　3＋2
　4＋2　　　5＋2　　　6＋2
　7＋2　　　8＋2
+3
　1＋3　　　2＋3　　　3＋3
　4＋3　　　5＋3　　　6＋3
　7＋3
+4
　1＋4　　　2＋4　　　3＋4
　4＋4　　　5＋4　　　6＋4
+5
　1＋5　　　2＋5　　　3＋5
　4＋5　　　5＋5
+6
　1＋6　　　2＋6　　　3＋6
　4＋6

+7
　1＋7　　　2＋7　　　3＋7
+8
　1＋8　　　2＋8
+9
　1＋9

このうち，赤字で示したたし算は，よくまちがえるので，特に気をつけてください。

テストにでるもんだい①のこたえ　28ページ

❶（1）3＋4＝7　　　7（さつ）
　（2）5＋2＝7　　　7（わ）
❷（1）5　　（2）10　（3）8
　（4）8　　（5）9　　（6）9
❸ 2＋4＝6　　　6（だい）
❹ 5＋4＝9　　　9（ひき）

テストにでるもんだい②のこたえ　29ページ

❶（1）6　　（2）8　　（3）8
　（4）7　　（5）10　（6）10
❷ 2＋3＝5　　　5（わ）
❸ 5＋3＝8　　　8（ほん）
❹ 6＋4＝10　　10（ぽん）
❺ 3＋6＝9　　　9（ひき）

5　ひきざん（1）

きょうかしょのまとめ　31ページ

どんな場面のときにひき算を使うのかを，はっきり理解させることが大切です。ひき算の記号（−）や，式の

読み方，書き方を覚えさせましょう。

- **10 までの数のひき算**
  10 までの数の読み方・書き方とたし算の記号や式がわかったので，ここでは
  (10 以下の数)−(1 けたの数)
  　　　　　　＝(1 けたの数)
  のひき算ができるようにします。最も基本的なひき算です。

- **0 のひき算**
  5−0，0−0 のような，0 についてのひき算の意味を知らせておきましょう。

もとになることがら	32 ページ

どういう場合にひき算を使うのかを示しています。

- **ひき算を使う場面**
  どのようなときにひき算を使うのかを整理すると，次の 2 つの場面があります。
  - ㋐　のこりはいくつ
    「みかんが 6 個あります。4 個食べると，何個残るでしょう。」
    このように，1 つの集まりからその一部を取り去る場合です。
  - ㋑　ちがいはいくつ
    「赤い色紙が 8 枚，青い色紙が 6 枚あります。赤い色紙の方が何枚多いでしょう。」
    このように，2 つの集まりについて，個数のちがいを求める場合です。
- **0 のひき算**
  3−3=0，3−0=3，0−0=0 のような 0 の出てくるひき算をとりあげています。

きょうかしょのドリルのこたえ	33 ページ

❶ (1) 6−3=3
　　(2) 8−2=6

　　(3) 10−7=3
　　(4) 5−5=0
❷ (1) 4−3=1
　　(2) 8−5=3
❸ (1) 2　　(2) 1　　(3) 2
　　(4) 3　　(5) 1　　(6) 7
　　(7) 0　　(8) 8　　(9) 0

（考え方・解き方）

- **計算の種類とまちがえやすいもの**
  ここに出てくるひき算は，0 のひき算をのぞいて，次の 45 種類があります。

−1
2−1	3−1	4−1
5−1	6−1	7−1
8−1	9−1	10−1

−2
3−2	4−2	5−2
6−2	7−2	8−2
9−2	10−2	

−3
4−3	5−3	6−3
7−3	8−3	9−3
10−3		

−4
| 5−4 | 6−4 | 7−4 |
| 8−4 | 9−4 | 10−4 |

−5
| 6−5 | 7−5 | 8−5 |
| 9−5 | 10−5 | |

−6
| 7−6 | 8−6 | 9−6 |
| 10−6 | | |

−7
| 8−7 | 9−7 | 10−7 |

−8
| 9−8 | 10−8 | |

□ -9
　　10-9

この計算で，赤字で示したものはまちがえ
やすいので注意しましょう。

テストにでるもんだい① のこたえ　34ページ

❶ （1）7-3=4　　4（こ）
　　（2）5-3=2　　2（ほん）
❷ （1）3　　（2）7　　（3）5
　　（4）7　　（5）8　　（6）3
❸ 6-3=3　　　　　3（にん）
❹ 10-8=2　　　　2（まい）

テストにでるもんだい② のこたえ　35ページ

❶ （1）1　　（2）2　　（3）5
　　（4）3　　（5）3　　（6）6
❷ 5-2=3　　　　　3（さつ）
❸ 6-4=2　　　　　2（こ）
❹ 9-4=5　　　　　5（ほん）
❺ 10-6=4　　　　4（こ）

---

6 10より おおきい かず

きょうかしょのまとめ　37ページ

20までの数について，数え方・読
み方・書き方などを覚え，数の大小
について理解を深めさせます。

もとになることがらのこたえ　38ページ

❶ 15（ほん），20（ぽん）
❷ 13-14-15-16-17-
　18-19-20

● 20までの数の組み立て
　20までの数の組み立て，数の書き方は，
　次のようにすると効果的です。

① 棒を使い，それを実際に
　　数えて，10のたばを作り，
　　残りを出します。

② 「じゅうに」を12と書
　　くことを理解させます。
　　12を102と書く子もい
　　るので，12は10のたば
　　が1つと，"ばら"が2つ
　　であることを，棒を使ってはっきりさせ
　　るとよいでしょう。

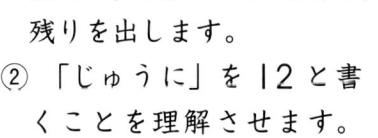

③ 19本の棒に1本たして，10本にた
　　ばね，「10」が2つで「にじゅう」に
　　なること，「にじゅう」は20と書くこ
　　とを理解させることが重要です。

きょうかしょのドリルのこたえ　39ページ

❶ ⠂ 11　 ⠒ 14　 ⠔ 15
　 ⠿ 17　 ⠿ 18　 ⠿ 20
❷ ⠂ 12　 ⠒ 13　 ⠔ 15
　 ⠿ 16　 ⠿ 19　 ⠿ 20

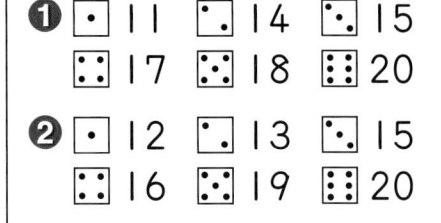

（考え方・解き方）
10を数えた段階で，線で囲むなど印をつ
け，残りがいくつかと考えると数えまちが
いが少なくなります。

テストにでるもんだい① のこたえ　40ページ

❶ (1) 14(こ)　　(2) 18(こ)

❷ (1) 17(こ)　　(2) 14(こ)
　 (3) ●(のほうが　おおい)

❸ (1) 15　　(2) 20

❹ 14(ばんめ)

考え方・解き方

❸ (1)は 1 ずつふえています。
　 (2)は 1 ずつへっています。

テストにでるもんだい② のこたえ　41ページ

❶ 16(き)

❷ (1)

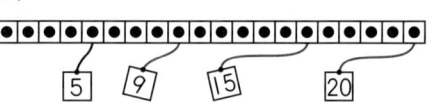

❸ (1) 12　　(2) 20
　 (3) 6　　(4) 9

❹ (1) 10　(2) 20　(3) 15

考え方・解き方

❸ (1) 10+2=12　(2) 10+10=20
　 (3) 10+ 6 =16　(4) 10+ 9 =19

7 たしざんと ひきざん(1)

きょうかしょのまとめ　43ページ

「10+2=12，13+2=15」
のようなたし算，

「17−7=10，17−3=14」
のようなひき算ができるようにします。

もとになることがらのこたえ　44ページ

① 14+3=17　② 19−3=16

考え方・解き方

● 14+3の計算

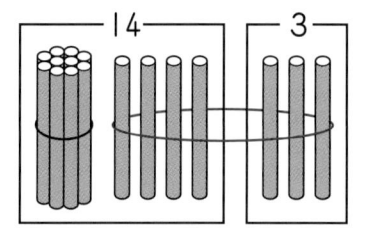

図のように，まず 14 を 10 と 4 に分け，4 と 3 をたして 7，次に 10 と 7 で 17 というように，計算のしかたをはっきりとらえさせます。

● 19−3の計算

19 を 10 と 9 に分け，9 から 3 をひいて 6，次に 10 と 6 で 16 となります。

きょうかしょのドリルのこたえ　45ページ

❶ (1) 13+5=18　　18(ほん)
　 (2) 14−3=11　　11(こ)

❷ (1) 14+4=18　　18(こ)
　 (2) 14−4=10　　10(こ)

❸ (1) 18　(2) 16　(3) 19
　 (4) 17　(5) 15　(6) 14
　 (7) 10　(8) 10

考え方・解き方

● ここでのたし算の種類

+1

10+1　　11+1　　12+1
13+1　　14+1　　15+1
16+1　　17+1　　18+1

+2
10+2	11+2	12+2
13+2	14+2	15+2
16+2	17+2	

+3
10+3	11+3	12+3
13+3	14+3	15+3
16+3		

+4
10+4	11+4	12+4
13+4	14+4	15+4

+5
10+5	11+5	12+5
13+5	14+5	

+6
10+6	11+6	12+6
13+6		

+7
10+7	11+7	12+7

+8
10+8	11+8

+9
10+9

● ここでのひき算の種類

-1
11-1	12-1	13-1
14-1	15-1	16-1
17-1	18-1	19-1

-2
12-2	13-2	14-2
15-2	16-2	17-2
18-2	19-2	

-3
13-3	14-3	15-3
16-3	17-3	18-3
19-3		

-4
14-4	15-4	16-4
17-4	18-4	19-4

-5
15-5	16-5	17-5
18-5	19-5	

-6
16-6	17-6	18-6
19-6		

-7
17-7	18-7	19-7

-8
18-8	19-8

-9
19-9

テストにでるもんだい① のこたえ　46 ページ

❶ (1) 17　　(2) 18　　(3) 19
　　(4) 17　　(5) 16　　(6) 17
❷ 12+3=15　　　15(ひき)
❸ (1) 18　　(2) 12　　(3) 10
　　(4) 11　　(5) 13　　(6) 14
❹ 16-5=11　　　11(にん)

(考え方・解き方)

● 計算のつまずきをなくすために
　14+3 や 18-2 の計算でつまずく子は，次の点が原因になっていることが多い。
　あ　4+3 や 8-2 のような 10 までのたし算・ひき算がきちんとできていない。
　い　14，18 という数が 10 と 4，10 と 8 でできているといった，数の構成が十分に理解できていない。
　つまずく原因をつきとめて，基礎となる計算が正しくできるようにしておきましょう。

テストにでるもんだい② のこたえ　47 ページ

1 (1) 18　(2) 16　(3) 15
　　(4) 16　(5) 18　(6) 19

2 15＋3＝18　　　18(にん)

3 (1) 12　(2) 11　(3) 10
　　(4) 11　(5) 12　(6) 13

4 16－4＝12　　　12(まい)

考え方・解き方

● 「ちがい」を求める問題

上の **4** の問題は，赤と緑の色紙の枚数の
ちがい(差)を求めるものです。

下のようにかいてみると，問題をはっきり
とらえることができます。

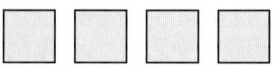

8 おおきさ くらべ

きょうかしょのまとめ　49 ページ

ここでは，長さ，かさ(体積)，広さ
(面積)をくらべます。

● 長さ

鉛筆の長さは，はしをそろえてくら
べます。

● かさ

水とうの水のかさは，同じ形のもの
にうつしてくらべます。

● 広さ

色紙の広さは，重ね合わせてくらべ
ます。

もとになることがらのこたえ　50 ページ

1 (1) あ　　(2) い

2 (1) い　　(2) あ

3 かえで

● 「長さ」のくらべ方

長さをくらべるには，次のような方法があ
ります。

あ　はしをそろえてくらべる。

えんぴつの長さ，身長，はがきのたて・
横の長さなど，直接くらべます。

い　第三のものを使ってくらべる。

机のたて・横の長さを，指を開いた長さ
がいくつ分あるかなどでくらべます。

う　基準量のいくつ分あるかでくらべる。

ものの長さを測る単位として，m，cm，
mm などを使います。

ここでは，あといをとりあげます。

うは２年生になってから学習します。

● 「かさ」のくらべ方

いれもののかさ(容積)をくらべるには，次
のような方法があります。

あ　一方のいれものの水を，他方のいれも
のにうつしてくらべる。

この場合，あふれたり，たりなかったり
することで比較できます。

い　第三の容器を使ってくらべる。

いれものにはいっている水を，同じ容器
にうつして，かさをくらべます。

う　コップなどの何ばい分になっているか
でくらべる。

基準となる単位(コップ，1dL ますな
ど)を使ってくらべます。　dL は２年生で学習

ここでは，上のあ，い，うのうち，くらべ
やすい方法をそのつど使うようにしていま
す。

きょうかしょのドリルのこたえ　51ページ

① うえから 1，3，2
② うえから 2，4，3，1
③ ⓘ

考え方・解き方

① 2つずつ長さをくらべると，わかります。

ⓐ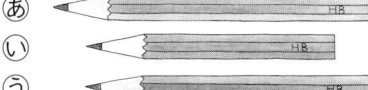
ⓘ
ⓤ

ⓐとⓤをくらべると，ⓐの方が長い。
ⓘとⓤをくらべると，ⓤの方が長い。
このことから長い順に，ⓐ，ⓤ，ⓘとなります。

② それぞれのいれものにはいる水が，コップ何ばい分かを調べて，多くはいる順に番号をつけます。

③ 掲示板に，何枚の絵がはってあるかを数えて，広さをくらべます。
ⓐの掲示板… 9枚
ⓘの掲示板…10枚
ⓘの方が広い。

テストにでるもんだい①のこたえ　52ページ

■ (1) ○はⓐ，×はⓘ
　 (2) ○はⓘ，×はⓐ
　 (3) ○はⓤ，×はⓐ
　 (4) ○はⓘ，×はⓤ

②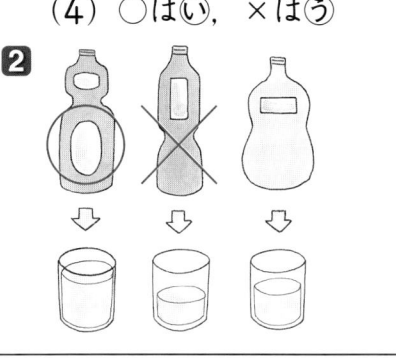

考え方・解き方

② 水をコップにうつした結果をみて，コップの水の高さで多い，少ないをきめます。

テストにでるもんだい②のこたえ　53ページ

■ (1) ○はⓤ，×はⓘ
　 (2) ○はⓐ，×はⓘ
② ⓘ
③ あかく（ぬったほう）

考え方・解き方

■ (1) まっすぐなものよりも，まがりくねっているものの方が長くなります。
② コップの数でくらべます。
③ 方眼の数を数えて，多い方が広くなります。

9 3つの かずの けいさん

きょうかしょのまとめ　55ページ

ここでとりあげている，「3つの数の計算」は，くり上がり，くり下がりのある計算に直接結びついています。

● (例) 5+8のたし算
　 5+8
　 =5+(5+3)
　 =5+5+3
● (例) 13−4のひき算
　 13−4
　 =(10+3)−4
　 =10−4+3

このように，くり上がりのあるたし算，くり下がりのあるひき算では，どちらも3つの数の計算をすることになります。ここでとりあげた3つの数の計算ができるようになっていれば，くり上がり・くり下がりのある計算がたやすくできることになります。

もとになることがらのこたえ　56ページ

❶ $6+4+3=13$　　　13(にん)
❷ $6-2-3=1$　　　1(だい)

考え方・解き方

❶ 2回ふえたときの結果を求める問題です。続けてたし算をします。

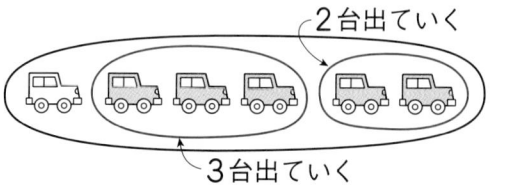

$6+4+3=13$

「6に4をたして10，
10に3をたして13」
$6+4+3=13$(人)

❷ 2回へったときの結果を求める問題です。つづけてひき算をします。

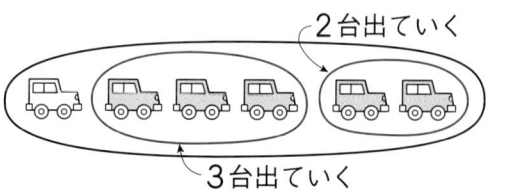

あ　はじめに6台とまっていた。
い　2台出ていった。
　　　$6-2=4$
　　　4台になった。

う　次に3台出ていった。
　　　$4-3=1$
　　　1台になった。
あ〜うを，1つの式に表して，計算のしかたをわからせます。
　　　$6-2-3=1$
「6から2をひいて4，
4から3をひいて1」
　　　$6-2-3=1$(台)

きょうかしょのドリルのこたえ　57ページ

❶ $4+3+2=9$　　　9(ひき)
❷ (1) 6　　　　(2) 8
　 (3) 10　　　(4) 9
　 (5) 11　　　(6) 15
❸ $13-3-6=4$　　　4(こ)
❹ (1) 1　(2) 4　(3) 3
　 (4) 1　(5) 7　(6) 6

考え方・解き方

❶ 2回ふえる問題です。下のように，次々とたしていきます。

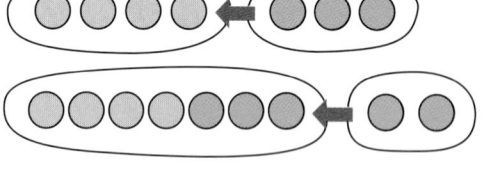

1つの式に表して，計算のしかたをはっきり理解させます。
　　　$4+3+2$
「4に3をたして7，
7に2をたして9」
　　　$4+3+2=9$(匹)

❷ 左から順にたしていけばよいのです。
　 (1) $2+1+3=6$
　 (2) $5+2+1=8$

(5), (6)は, はじめの2つの数のたし算が, 10になる場合の計算で, それぞれ下のいちばん右側に書いたたし算の準備となるものです。

(5) 3+7+1 → 3+(7+1)→ 3+8

(6) 8+2+5 → 8+(2+5)→ 8+7

❸ 2回へる問題です。たまごの数が次々にへっていくようすをとらえさせます。

ⓐ はじめ13個あった。

ⓘ 3個食べたので, 10個になった。

13-3=10

ⓤ 次に6個食べたので, 4個になった。

10-6=4

このことを1つの式に表して, 計算のしかたをわからせます。

13-3-6=4

「13 から 3 をひいて 10,

10 から 6 をひいて 4」

13-3-6=4（こ）

❹ 左から順にひいていけばよいのです。

(5), (6)は, はじめの2つの数のひき算が, 10になる場合の計算で, それぞれ下のいちばん右側に書いたひき算の準備となるものです。

(5) 12-2-3 → 12-(2+3)→ 12-5

(6) 15-5-4 → 15-(5+4)→ 15-9

ⓐ はじめは10人乗っていた。

ⓘ 5人おりたので, 5人になった。

10-5=5

ⓤ 4人乗ったので, 9人になった。

5+4=9

このことを1つの式に表して, 計算のしかたをわからせます。

10-5+4=9

「10 から 5 をひいて 5,

5 に 4 をたして 9」

❷ たし算とひき算を組み合わせた問題です。ふえたり, へったりするようすをはっきりさせて計算します。

ⓐ はじめに6個ひろった。

ⓘ 次に3個ひろったので, 9個になった。

6+3=9

ⓤ ともだちに4個あげたので, 残りは5個になった。

9-4=5

このことを1つの式に表して, 計算のしかたをわからせます。

6+3-4=5

「6 に 3 をたして 9,

9 から 4 をひいて 5」

もとになることがらのこたえ 58ページ

❶ 10-5+4=9　　　9（にん）

❷ 6+3-4=5　　　5（こ）

（考え方・解き方）

❶ ひき算とたし算を組み合わせた問題です。へったり, ふえたりするようすをはっきりさせて計算します。

きょうかしょのドリルのこたえ 59ページ

❶ 10-4+2=8　　　8（まい）

❷ (1) 7　　　　　(2) 5

(3) 12　　　　(4) 5

❸ 6+4-8=2　　　2（まい）

❹ (1) 6　　　　　(2) 4

(3) 2　　　　　(4) 7

（考え方・解き方）

❶ ひき算をしてからたし算をする問題です。

数量が変わっていくようすをしっかりとらえさせましょう。

㋐　はじめに 10 枚もっていた。

㋑　妹に 4 枚あげたので，6 枚になった。
　　10−4=6

㋒　おばさんから 2 枚もらったので，8 枚になった。
　　6+2=8

このことを 1 つの式に表して，計算のしかたをわからせます。
　　10−4+2=8
　　　「10 から 4 をひいて 6，
　　　6 に 2 をたして 8」

❷ ひき算をしてからたし算をする問題です。
(3)は，はじめに 17 から 7 をひくと 10 になり，10 に 2 をたすと 12 です。
(4)は，はじめに 10 からひく計算をする問題で，これは 13−8 のひき算をする場合の準備になります。
　　10−8+3 → (10+3)−8 → 13−8

❸ 6枚に4枚をたすと10枚
　　6+4=10
　10枚から8枚をひくと2枚
　　10−8=2
　1つの式に表すと
　　6+4−8=2

❹ (2)，(3)は，はじめのたし算で10になります。

┌─────────────────────────┐
│ テストにでるもんだい①のこたえ　60 ページ │
├─────────────────────────┤
│ ❶ (1) 9　　(2) 10　　(3) 20 │
│　　(4) 3　　(5) 5　　(6) 6 │
│ ❷ (1) 8　　(2) 16　　(3) 6 │
│　　(4) 5　　(5) 6　　(6) 13 │
│ ❸ 6(まい) │
│ ❹ 6(わ) │
└─────────────────────────┘

【考え方・解き方】
❸ 4+5−3=6(枚)
❹ 13−3−4=6(わ)

┌─────────────────────────┐
│ テストにでるもんだい②のこたえ　61 ページ │
├─────────────────────────┤
│ ❶ (1) 17　　(2) 2 │
│　　(3) 7　　(4) 13 │
│ ❷ 16(にん) │
│ ❸ 2(まい) │
│ ❹ 8(こ) │
└─────────────────────────┘

【考え方・解き方】
❷ 続けてたす問題です。
変わっていくようすをはっきりとらえさせましょう。
5+5+6 を計算します。
　　5+5+6=16(人)
❸ たしてからひく問題です。
3+7−8 を計算すればよいことを理解させましょう。
　　3+7−8=2(枚)
❹ ひいてからたす問題です。
10−6+4 を計算します。
　　10−6+4=8(個)

10 たしざん(2)

┌─────────────────────────┐
│ きょうかしょのまとめ　63 ページ │
├─────────────────────────┤
│ ここでは │
│　8+3=11，5+7=12 │
│ のような，くり上がりのあるたし算をします。 │
└─────────────────────────┘

● ここでの計算

　（|けたの数）＋（|けたの数）

　　　　＝（|0 をこえる数）

　となるような計算です。

　はじめて，くり上がりが出てきますので，

　よく練習させておきましょう。

もとになることがらのこたえ　64 ページ

❶ 9＋4＝13　　　　13（こ）

❷ 6＋8＝14　　　　14（わ）

（考え方・解き方）

● くり上がりのある場合のたし算

　（|けたの数）＋（|けたの数）で，くり上がりのある場合の計算のしかたとして，9＋4 を例にとってみます。

　計算方法としては，次の 2 つの方法があります。

あ　9　　＊　　＊　　＊　　13

　　　　10　11　12

　　と数えてたす。

この方法は，数が小さいときは使えますが，数が 2 けた，3 けた，…になれば使えません。

い　たす数 4 を | と 3 に分け，

　　9＋|＝10 に 3 をたす。

いの方法でやるように指導してください。

これからの計算を考えると

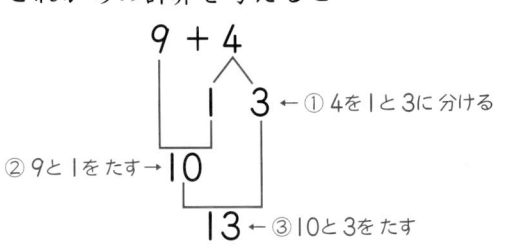

のように，たす数である 4 を | と 3 に分けて，次のようにするのがよいでしょう。

　　9＋4

＝9＋（|＋3）

＝（9＋|）＋3　　←9に|をたして10

＝10＋3

＝13　　　　　←10と3で13

6＋8の計算も，8を4と4に分けて

　　6＋8

＝6＋（4＋4）

＝（6＋4）＋4

＝10＋4

＝14

のように考えるとよいでしょう。

● ここでとりあげるたし算の種類

　くり上がりのあるたし算は，次の 36 通りです。

+2

　9＋2

+3

　9＋3　　　　8＋3

+4

　9＋4　　　　8＋4　　　　7＋4

+5

　9＋5　　　　8＋5　　　　7＋5

　6＋5

+6

　9＋6　　　　8＋6　　　　7＋6

　6＋6　　　　5＋6

+7

　9＋7　　　　8＋7　　　　7＋7

　6＋7　　　　5＋7　　　　4＋7

+8

　9＋8　　　　8＋8　　　　7＋8

　6＋8　　　　5＋8　　　　4＋8

　3＋8

+9

　9＋9　　　　8＋9　　　　7＋9

　6＋9　　　　5＋9　　　　4＋9

　3＋9　　　　2＋9

きょうかしょのドリルのこたえ　65 ページ

❶ 7+5=12　　12（き）
❷ (1) 14　(2) 12　(3) 14
　(4) 12　(5) 13　(6) 15
❸ 3+8=11
❹ (1) 13　(2) 16　(3) 13
　(4) 15　(5) 12　(6) 11

考え方・解き方

● このドリルの計算練習について
❶，❷は，たされる数がたす数と同じか，たす数よりも大きいものをとりあげています。
❸，❹は，たされる数がたす数より小さいものをとりあげています。

テストにでるもんだい①のこたえ　66 ページ

❶ 6+8，7+7，9+5，
　8+6，5+9
❷ (1) 13　(2) 11　(3) 12
　(4) 18　(5) 11　(6) 16
❸ 14（こ）
❹ 13（こ）

考え方・解き方

❶ 1つずつ計算していき，答えが14になるものを選びます。
❷ くり上がりに注意して計算します。
❸ 9個と5個をたします。
　9+5=14　　　　14（個）
❹ 7個と6個をたします。
　7+6=13　　　　13（個）

テストにでるもんだい②のこたえ　67 ページ

❶ (1) 12　(2) 13　(3) 15
　(4) 17　(5) 12　(6) 11
　(7) 11　(8) 12
❷ 17（ひき）
❸ 14（こ）
❹ (1) 11（だい）
　(2) 14（わ）

考え方・解き方

❷ 8匹と9匹をたします。
　8+9=17　　　　17（匹）
❸ 9個と5個をたします。
　9+5=14　　　　14（個）
❹ (1) 7+4=11　　11（台）
　(2) 6+8=14　　14（羽）

11 かたち

きょうかしょのまとめ　69 ページ

つみ木，かんづめ，ボールなどを観察して，似ているところ，ちがっているところなどを調べます。

もとになることがら　70 ページ

❶ 「さいころの形」，「はこの形」，「つつの形」，「ボールの形」をしたものを観察して，よく似た形を意識させます。
❷ 「ころがりやすい形」，「ころがりにくい形」という点で形を分けてみます。

きょうかしょのドリルのこたえ　71 ページ

❶ （1）　う，お　　　（2）　か，く
　（3）　い，き　　　（4）　あ，え
❷ い，う，お，く

考え方・解き方

それぞれの形によく似た具体的なものとしては，つぎのようなものがあります。

● 四角柱（さいころの形，はこの形）
紅茶の缶，さいころ，牛乳のパック，救急箱，水そう，など

● 円柱（つつの形）
かんづめ，クレヨン，茶筒，色鉛筆，のりの缶，など

● 球（ボールの形）
地球儀，ふうせん，ボール，など

考え方・解き方

❷ （1）　はこのなかま
　（2）　さいころのなかま
　（3）　つつのなかま
　（4）　さいころのなかま
　（5）　ボールのなかま
　（6）　はこのなかま

テストにでるもんだい① のこたえ　72 ページ

❶ ①　い，お　　　　②　い，え
　③　あ，う　　　　④　い，お
❷ ①　う　　　　　　②　い
　③　あ　　　　　　④　え

考え方・解き方

❶ ④は球（ボールの形）です。いのみかんも答えに含めました。

テストにでるもんだい② のこたえ　73 ページ

❶ のり　　　　　　—　かんづめ
　メロン　　　　　—　ボール
　さいころ　　　　—　はこ
　キャラメル　　　—　ビスケット

12 ひきざん(2)

きょうかしょのまとめ　75 ページ

ここでは 12−9=3, 14−8=6,
11−4=7 のような，くり下がりのあるひき算をします。このような計算は，ひき算の基礎になります。

● ここでの計算
（10 をこえる数）−（1 けたの数）
　　　＝（1 けたの数）
となる，くり下がりのある計算です。
ここではじめて，くり下がりが出てきますので，よく練習させておきましょう。

もとになることがらのこたえ　**76** ページ

❶ 13−9=4　　　4（こ）
❷ 11−4=7　　　7（こ）

考え方・解き方

● **くり下がりのある場合のひき算**

（10 をこえる数）−（1 けたの数）で，くり下がりのある場合の計算のしかたとして，13−9 を例にとってみます。

㋐　数をひく。

1 2 3 4 5 6 7 8 9 10 11 12 13

9 8 7 6 5 4 3 2 1

㋑　9 に何をたしたら 13 になるかを考えて，4 を求める。

㋒　13 を 10 と 3 に分け，10 から 9 をひき，その答えの 1 と残りの 3 をたす。

㋓　13 の一の位の数 3 だけをひいて 10，次に 9 のうちのまだひきたりない数 6 を 10 からひく。

以上のような計算方法があります。

このうち，㋐は数が大きくなれば大変です。よい方法とはいえません。

㋑はかえってむずかしい。

㋓もあまりよい方法ではありません。

これからの計算のことを考えると，㋒の方法がよいでしょう。

13 − 9

① 13を10と3に分ける→ 10 3

1 ← ②10から9をひく

4 ← ③1と3をたす

つまり，ひかれる数の 13 を 10 と 3 に分けて，次のようにします。

13−9
=(10+3)−9
=(10−9)+3 ← 10から9をひいて1
=1+3
=4　　　　　← 1と3で4

● **ここでとりあげるひき算の種類**

くり下がりのあるひき算は，次の 36 通りです。

-2		
11−2		

-3		
11−3	12−3	

-4		
11−4	12−4	13−4

-5		
11−5	12−5	13−5
14−5		

-6		
11−6	12−6	13−6
14−6	15−6	

-7		
11−7	12−7	13−7
14−7	15−7	16−7

-8		
11−8	12−8	13−8
14−8	15−8	16−8
17−8		

-9		
11−9	12−9	13−9
14−9	15−9	16−9
17−9	18−9	

きょうかしょのドリルのこたえ　**77** ページ

❶ 14−8=6　　　6（き）
❷ (1) 2　　　　(2) 7
　 (3) 4　　　　(4) 7

❸ 13-4=9
❹ (1) 9　　　　(2) 6
　　(3) 9　　　　(4) 8

●計算練習について
❶, ❷ は, 答えがひく数と同じか, ひく数よりも小さくなるものをとり上げています。
❸, ❹ は, 答えがひく数よりも大きくなるものをとり上げています。

テストにでるもんだい① のこたえ　78 ページ

❶ 13-5, 14-6, 12-4,
　15-7, 17-9
❷ (1) 9　　(2) 9　　(3) 7
　(4) 5　　(5) 6　　(6) 3
❸ 5(こ)
❹ 3(こ)

（考え方・解き方）
❸ 11個から6個をひきます。
　11-6=5　　　　5(個)
❹ 12個から9個をひきます。
　12-9=3　　　　3(個)

テストにでるもんだい② のこたえ　79 ページ

❶ (1) 6　　(2) 4　　(3) 9
　(4) 7　　(5) 7　　(6) 8
　(7) 6　　(8) 7
❷ 6(にん)
❸ 5(まい)
❹ (1) 9(こ)　　(2) 8(こ)

（考え方・解き方）
❷ 14人から8人をひきます。
　14-8=6　　　　6(人)
❸ 12枚から7枚をひきます。
　12-7=5　　　　5(枚)
❹ (1) 14個から5個をひきます。
　　14-5=9　　　　9(個)
　(2) 11個から3個をひきます。
　　11-3=8　　　　8(個)

13 20よりおおきいかず

きょうかしょのまとめ　81 ページ

ここでは, 100までの数について, 数え方・読み方・書き方をはっきりとらえさせます。また, 100までの数の位取り, 並び方, 大小についても理解を深めさせます。

もとになることがらのこたえ　82 ページ

❶ 35(ほん), 40(ぽん)
❷ 100(まい)
❸ (1) 86　(2) 54　(3) 100
❹ (1) 59-60-61-62-63-
　　64-65
　(2) 100-99-98-97-96-
　95-94

（考え方・解き方）
●2けたの数の表し方
　2けたの数を表すには, 「一の位」,「十の位」といった位取りの考えを使います。

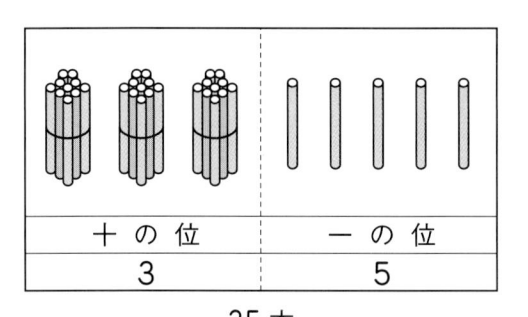

十 の 位	一 の 位
3	5

35 本

十 の 位	一 の 位
4	0

40 本

たとえば，35 の 3 は「10 のかたまりが 3 つある」ということを，また 35 の 5 は「1 が 5 つある」ということを表しています。このことをはっきりさせて，2 けたの数の表し方をわからせるようにします。つまり，2 けたの数の左側(十の位)の数字は 10 のまとまりの個数を，右側(一の位)の数字は "ばら" の個数を表していること，そして同じ数字でも書く位置によって表す大きさがちがうことを気づかせるのです。また，"ばら" がないときは，一の位に 0 を書き，40 のように表すこともていねいに教えましょう。

● 100 という数

100 は 10 が 10 個集まった大きさであることは，おはじき，色紙などを使うとわかりやすくなります。

10 が 2 つ ⇨ にじゅう

10 が 3 つ ⇨ さんじゅう

⋮

10 が 9 つ ⇨ きゅうじゅう

10 が 10 ⇨ じゅうじゅう

ひゃく ◀

上のように，20，30，40，50，60，70，80，90 といった数の組み立てを見ながら，10 が 10 個集まって，「じゅうじゅう」になるところを「ひゃく」というと教えてやると，効果があります。

きょうかしょのドリル① のこたえ　83 ページ

❶ 39（こ）

❷ 38（ひき）

考え方・解き方

たくさんの数を数えるときは，数え落としや重複がないようにすることが大切です。

また，数えたものには，何か印をつけておき，数えていないものと区別するとよいでしょう。

さらに，10 ずつを単位としてまとめていくと，ミスを防げます。

きょうかしょのドリル② のこたえ　84 ページ

❶ 120（こ）

❷ (1) 70　　(2) 83　　(3) 10
　(4) 6　　(5) 57

❸ あ 3　　い 15　　う 30
　え 42　　お 56

❹ (1) 30，40，70
　(2) 90，70，50
　(3) 58，60，61

考え方・解き方

❶ 100 と 20 で「ひゃくにじゅう」と教え，120 と書くことを，知らせます。
このことは軽くふれる程度でよいでしょう。

| 100 | 20 |

100 20
↓
120

❷ （1）10 を 7 個集めた数は 70 です。
（2）10 が 8 個で 80，1 が 3 個で 3 あわせた数は 83 です。
（3）100 は 10 を 10 個集めた数です。
（4）36 は 10 を 3 個と，1 を 6 個あわせた数です。
（5）十の位が 5 だから 50，一の位が 7 だから 57 です。

❸ 1 目盛りが 1 ですから，あは 3，いは 15，うは 30，えは 42，おは 56 です。

❹ （1）10 ずつ大きくなっています。
（2）10 ずつ小さくなっています。
（3）1 ずつ大きくなっています。

テストにでるもんだい①のこたえ　85 ページ

❶ （1）48（こ）　　（2）100（こ）
❷ （1）25（にち）
　（2）27（にち）
❸ 7（こ）
❹ （1）45　　　　（2）39
　（3）7，4

考え方・解き方

❶ それぞれふくろの中には，10 個ずつはいっています。
（1）4 ふくろで 40，あと 8 ですから 48 個です。
（2）10 ふくろですから 100 です。

---

❷ （1）26 より 1 小さい数は 25 です。
（2）26 より 1 大きい数は 27 です。
❸ 70 は 10 を 7 個集めた数です。
7 たばできます。
❹ （1）10 が 4 個で 40　1 が 5 個で 5　あわせて　45
（2）10 が 3 個で 30　1 が 9 個で 9　あわせて 39
（3）74 は 10 を 7 個と，1 を 4 個あわせた数です。

テストにでるもんだい②のこたえ　86 ページ

❶ （1）94　　　　　（2）28
　（3）6，2　　　　（4）4，5
❷ 60，64，73，82，87，100
❸ あ 50　　　　い 70
　う 85　　　　え 100
❹ 65（こ）
❺ （1）26　（2）60　（3）92

考え方・解き方

❶ （1）90 と 4 で 94
（2）20 と 8 で 28
（3）62 は 10 が 6 つと 1 が 2 つ
（4）45 は 10 が 4 つと 1 が 5 つ
❷ いちばん小さい数は 60
いちばん大きい数は 100
❸ 1 目盛りが 5 になっていることに気をつけましょう。
あは 55 より 5 小さい数で 50
いは 65 より 5 大きい数で 70
うは 80 より 5 大きい数で 85
えは 95 より 5 大きい数で 100
❹ 10 個が 6 つで 60 個，5 個が 1 つで 5 個，全部で 65 個。

5 十の位でくらべます。十の位が同じ数の
ときは一の位でくらべます。

テストにでるもんだい③のこたえ　87ページ

1 (1) 58　　(2) 96　　(3) 45
2 (1) 70　　(2) 50　　(3) 63
　　(4) 57
3 (1) 35, 50, 55
　　(2) 64, 68, 70
4 (1) 35　　(2) 30　　(3) 5

考え方・解き方

1 (1) 50と8で58
　　(2) 100, 99, 98, 97, 96 となりま
　　　す。
　　(3) 40と5で45
3 (1) 5ずつ大きくなっています。
　　　30−35−40−45−50−55
　　(2) 2ずつ大きくなっています。
　　　60−62−64−66−68−70
4 (1) 30+5=35
　　(2) 35−5=30
　　(3) 35−30=5

14 とけい

きょうかしょのまとめ　89ページ

時計の長い針で分を読み，短い針で
時を読むことを確実に理解させてく
ださい。

もとになることがら　90ページ

文字盤の数字，1，2，3，…は，
短い針では1時，2時，3時，…を
表しますが，長い針では5分，10
分，15分，…を表します。

きょうかしょのドリルのこたえ　91ページ

1 (1) 6(じ)
　　(2) 8(じ)20(ぷん)
　　(3) 2(じ)30(ぷん)
　　(4) 6(じ)45(ふん)
2 ⑤
3
(1)　　　　　(2)

(3)　　　　　(4)

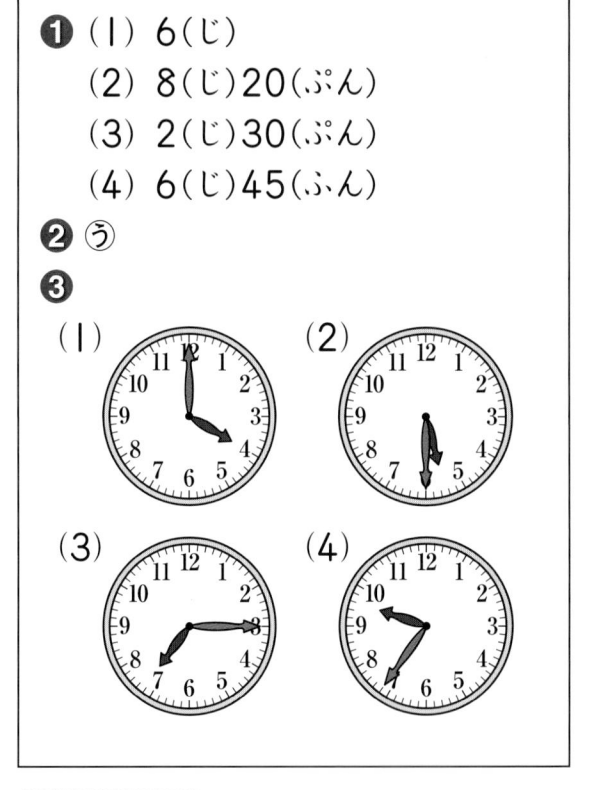

考え方・解き方

1 短い針でなん時かを読み，長い針でなん
分かを読みます。
2時30分のことを2時半のように，「半」
を用いて時刻を表すこともあります。
また，**午前，午後**を用いて時刻を表す方法
は2年生からです。

2 ⑧は，11時までにまだ15分あります。
⑩は，11時3分で11時を過ぎています。

⑤は，あと３分で１１時です。もうすぐ
１１時です。
⑥は，１時54分です。
もうすぐ，１１時になるのは⑤です。

テストにでるもんだいのこたえ　92ページ

❶ (1) ８じ15ふん
　 (2) 10じ55ふん
　 (3) ３じ25ふん
　 (4) ７じ37ふん
❷ (1) ６(じ)30(ぷん)
　 (2) ９(じ)15(ふん)
　 (3) 10(じ)30(ぷん)
　 (4) ２(じ)20(ぷん)
　 (5) ６(じ)38(ふん)
　 (6) ９(じ)7(ふん)

15 たしざんと ひきざん(2)

きょうかしょのまとめ　93ページ

ここでは
$30+20$，$34+2$ のようなくり上
がりのないたし算
$50-30$，$27-4$ のようなくり下が
りのないひき算をとりあげます。

もとになることがらのこたえ　94ページ

❶ 60(まい)
❷ 28(えん)
❸ 55

考え方・解き方

● ここでのたし算の種類
　ここでとりあげているたし算は，どれも
　　（１けたの数）＋（１けたの数）
　の計算をもとにしています。
　たとえば
　　$30+20$，$43+2$，$34+20$
　などのたし算は，次のように，どれも
　$3+2$ の計算がもとになっています。
　　$30+20$　　$43+2$　　$34+20$

きょうかしょのドリルのこたえ　95ページ

❶ (1) 80　　(2) 70　　(3) 60
　 (4) 100　(5) 47　　(6) 56
　 (7) 78　　(8) 99　　(9) 74
　 (10) 93
❷ $20+6=26$　　26(にん)
❸ $18+20=38$　　38(にん)
❹ $70+30=100$　　100(えん)

考え方・解き方

❷ 「ふえるといくつ」についての問題です。

$20+6=26$(人)
❸ 「あわせていくつ」についての問題です。

$18+20=38$(人)

もとになることがらのこたえ　96ページ

❶ 50(まい)
❷ 42(えん)
❸ 34

考え方・解き方

● **ここでのひき算の種類**

ここでとりあげているひき算は，どれも，

（1けたの数）−（1けたの数）

の計算をもとにしたものです。

たとえば

50−20，45−2，54−20

などのひき算は，次のように，どれも

5−2 の計算がもとになっています。

50−20，45−2，54−20

きょうかしょのドリルのこたえ **97**ページ

❶ （1） 60　　（2） 40　　（3） 10
　　（4） 20　　（5） 40　　（6） 42
　　（7） 35　　（8） 62　　（9） 39
　　（10） 41
❷ 25−10＝15　　　15（ほん）
❸ 50−40＝10　　　10（こ）
❹ 36−4＝32　　　32（にん）

考え方・解き方

❷ 「のこりは いくつ」についての問題です。

25−10＝15（本）

❸ 「ちがいは いくつ」についての問題です。

えりか
50個

さくら
40個

50−40＝10（個）

テストにでるもんだい①のこたえ **98**ページ

❶ （1） 35　　　　（2） 90
　　（3） 20　　　　（4） 30
❷ （1）

　　（2）

❸ 100−60＝40　　　40（まい）
❹ 55＋40＝95　　　95（こ）

考え方・解き方

❷ （1）順に 32＋10，32＋60，… といっ
　　たたし算をします。
　　（2）順に 97−40，97−90，… といっ
　　たひき算をします。

テストにでるもんだい②のこたえ **99**ページ

❶ 29（ひき）
❷ 30（こ）
❸ 4（こ）
❹ （1） 52（こ）
　　（2） 12（こ）

考え方・解き方

❶ 「ふえると いくつ」についての問題です。

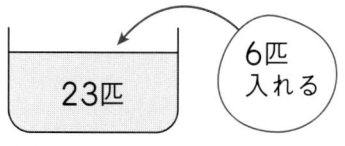

$$23+6=29（匹）$$

❷ 「のこりはいくつ」についての問題です。

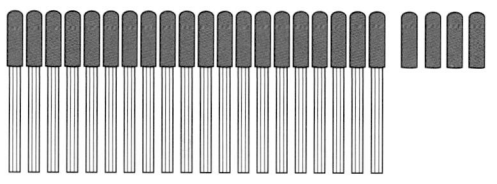

$$35-5=30（個）$$

❸ 「ちがいはいくつ」についての問題です。

$$24-20=4（個）$$

16 おなじ かずずつ

きょうかしょのまとめ　　101 ページ

ここでは
・ある数を同じ数ずつに分ける
・同じ数ずつ何人かに配る
といったことをとりあげます。

もとになることがらのこたえ　102 ページ

❶ 10（こ）

❷ （1）3（こ）　　　（2）2（こ）

考え方・解き方

❶ みかんのかわりに，おはじきなどを使って，2個の集まり5つを次のように数えます。

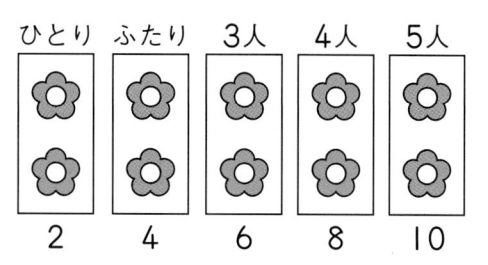

答えを求めるには，「2, 4, 6, 8, 10」と，2とびで数える方法や，
2+2+2+2+2 と，2を5つたす方法などがあります。

❷ 6個のものを，2人，3人で同じ数ずつわけます。

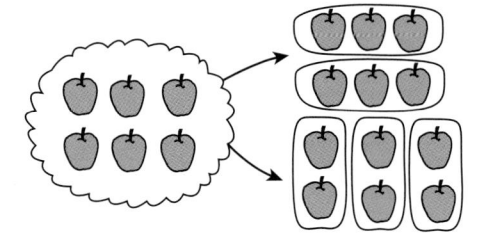

きょうかしょのドリルのこたえ 103 ページ

❶ （1）6（まい）　　（2）9（まい）

❷ 4（にん）

❸ （1）4（こ）　　　（2）3（こ）

考え方・解き方

❶ おはじきなどを実際にならべながら，次のように計算するとよいでしょう。
（1）3+3=6
（2）3+3+3=9

❷ 数え棒などを実際にならべて，3本ずつに分けてみます。

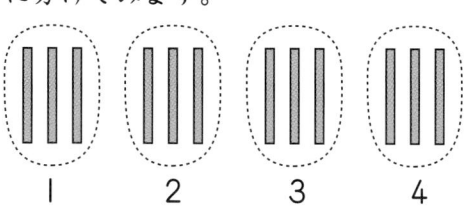

こうすると4人に分けられることがわかります。

❸ ケーキのかわりにおはじきを使い，12
　個のおはじきを３等分，４等分します。

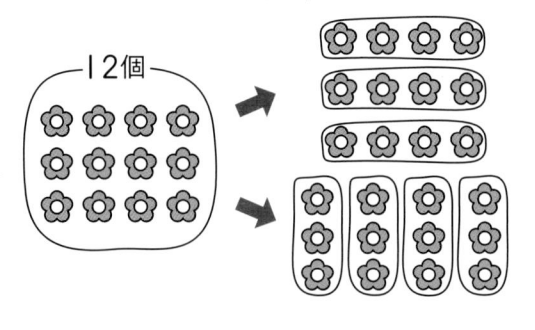

テストにでるもんだい①のこたえ　104 ページ

❶ （1）20（まい）

❷ （1）5（つ）　　（2）2（つ）

❸ 4（つ）

（考え方・解き方）

❶ ・5とびで考える。
　　　5→10→15→20
　・たし算をする。
　　　5＋5＋5＋5＝20

❷ おはじきなどを使って，2本ずつ，5本
　ずつまとめてみるとわかります。
　　（1）2本ずつのたば

　　（2）5本ずつのたば

❸ 小鳥のかわりに，おはじき8個を使って，
　2個ずつまとめてみます。

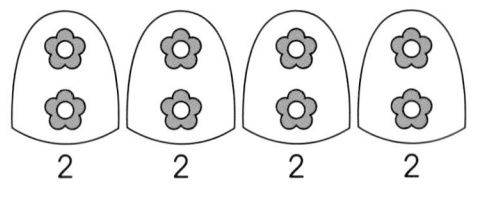

テストにでるもんだい②のこたえ　105 ページ

❶ （1）2（こずつ）

　（2）3（こずつ）

　（3）2（まいずつ）

　（4）3（こずつ）

　（5）5（こずつ）

　（6）4（こずつ）

17 たすのかな ひくのかな

きょうかしょのまとめ　　107 ページ

ここでは，子どもの人数をみかんの
数におきかえて，たしたりひいたり
する問題や，全体の数量と一部分の
数量がわかっているとき，残りの部
分の数量を求める問題を考えます。

もとになることがらのこたえ　108 ページ

❶ 5＋4＝9　　　9（にん）

❷ 13−8＝5　　　5（まい）

（考え方・解き方）

❶ いすの数を人数におきかえます。

立つ

いす

すわる

すわっている人が 5 人，立っている人が
4 人になるので，みんなで
5＋4＝9（人）になります。

❷ 8人をねんがはがきにおきかえると 8 枚
になります。
残っているねんがはがきは
13－8＝5（枚）となります。

きょうかしょのドリルのこたえ 109ページ

❶ 10－8＝2   2（まい）
❷ 6＋5＝11   11（まい）
❸ 15－8＝7   7（ひき）

考え方・解き方

❶ ケーキの数をさらの数におきかえます。

残り
2枚

8個 ── 8枚

これから 10－8＝2（枚）と計算できます。

❷ 子供の数を画用紙の数におきかえて，た
し算をします。

❸ 赤と黒の金魚を合わせた数と，そのうち
の赤の数を知って，黒の数を求める問題で
す。

みんなで 15匹

赤
8匹

黒
□匹

15－8＝7（匹）

テストにでるもんだい①のこたえ 110ページ

❶ 4＋3＝7   7（きゃく）
❷ 9＋7＝16   16（まい）
❸ 12－7＝5   5（わ）

考え方・解き方

❷ 子供の数を色紙の数におきかえて，たし
算をします。
男の子 9人 → 9枚
女の子 7人 → 7枚
9＋7＝16（枚）

❸ とばしたはとの数（全体）と，帰ってきた
はとの数（部分）を知って，帰ってこないは
との数（他の部分）を求める問題です。

12羽飛ばした
まだ帰って
こない
7羽帰ってきた

12－7＝5（羽）

テストにでるもんだい②のこたえ 111ページ

❶ 12－5＝7   7（にん）
❷ 11－6＝5   5（こ）
❸ 8＋6＝14   14（こ）

考え方・解き方

❶ 男の子と女の子の数の合計（全体）と，女
の子の数（部分）を知って，男の子の数（他
の部分）を求める問題です。

合計12人
男の子□人   女の子5人

12－5＝7（人）

2 子供の人数を，みかんの個数におきかえます。

ⓙ まず，どんな問題であるかを，はっきりとらえさせます。

★ みかんが 11 個ある。

★ 子供が 6 人いる。

★ 1 人に 1 個ずつみかんをわたす。

★ 残りは何個になるか。

ⓚ 下のような図をかいて考えます。

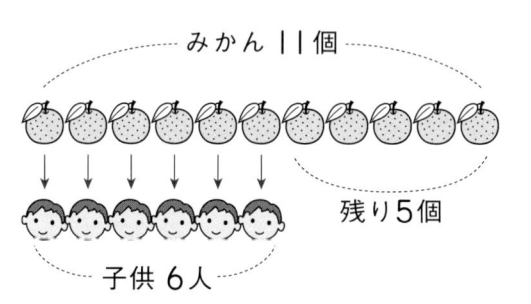

11-6=5（個）

3 風船の数は子供の数と同じです。男の子が 8 人，女の子が 6 人いますから，

合計

8+6=14（人）

います。

風船も 14 個必要です。

⑱ かたち づくり

きょうかしょのまとめ　113 ページ

ここでは以下のことをとりあげます。

● 色紙や棒を使っていろいろな形を作ることにより，図形について考える力を伸ばす。

● 図形の一部を動かして，図形のしくみや変わり方に目をつける。

● 色紙の切り方

下の図のようにして，色紙を 4 等分します。

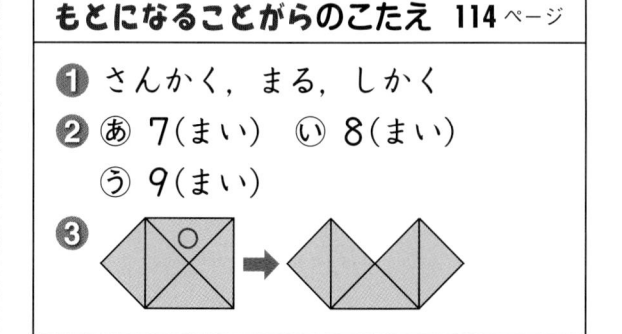

ここでは，4 等分する方法として，ⓙ，ⓚ，ⓛの 3 つを示しています。

もとになることがらのこたえ　114 ページ

❶ さんかく，まる，しかく

❷ ⓙ 7（まい）　ⓚ 8（まい）
ⓛ 9（まい）

❸ （図）

きょうかしょのドリルのこたえ 115 ページ

❶ ⓙ，ⓛ，ⓜ

❷ ⓙ 8（まい）　ⓚ 8（まい）
ⓛ 12（まい）　ⓜ 16（まい）

❸ (1)

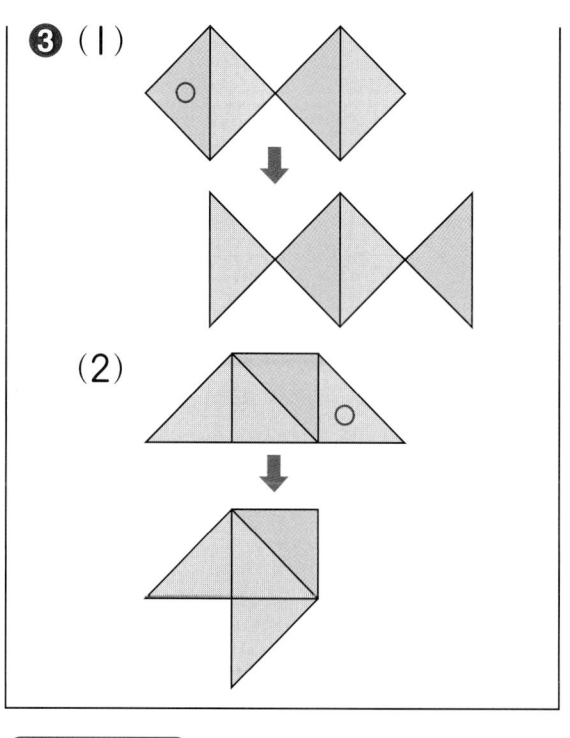

(2)

(114 ページの ❸ ， 115 ページの ❸ ，
116 ページの ❷ では，いろいろな方法で
図形を動かすことをとりあげています。

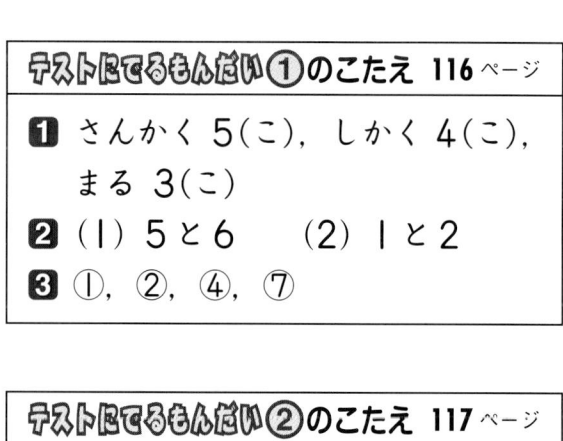

テストにでるもんだい① のこたえ 116ページ

❶ さんかく 5(こ)， しかく 4(こ)，
   まる 3(こ)

❷ (1) 5と6   (2) 1と2

❸ ①，②，④，⑦

テストにでるもんだい② のこたえ 117ページ

❶ (1) 5(ほん)   (2) 7(ほん)
   (3) 6(ぽん)   (4) 8(ほん)

❷ (1)

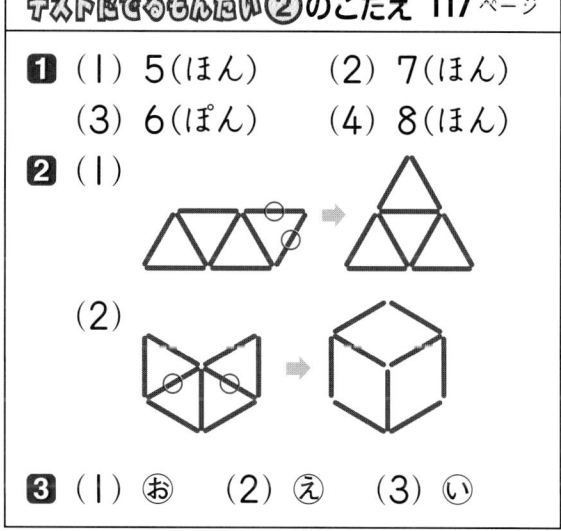

(2)

❸ (1) ⑧   (2) ⑨   (3) ⑩

【考え方・解き方】

● 図形を動かすことについて
  図形は，次のように
  「まわす」，「おりかえす」，「ずらす」とい
  う方法で動かすことがあります。

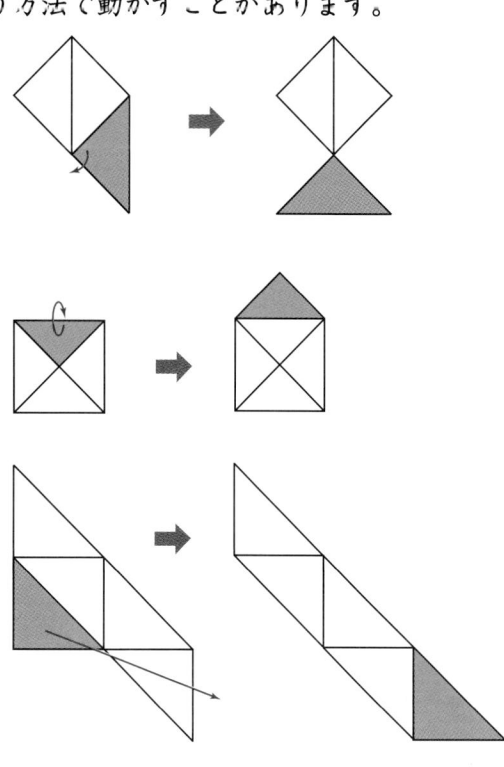

19 おおい ほう すくない ほう

きょうかしょのまとめ　119 ページ

ここでは，大小2つの数量について
- 大きい方の数量と差を知って，小さい方の数量を求める。
- 小さい方の数量と差を知って，大きい方の数量を求める。

という問題をとりあげます。

もとになることがらのこたえ　120 ページ

❶ 8+5=13　　　13（さつ）
❷ 11−2=9　　　9（こ）

考え方・解き方

❶ 小さい方の数と差を知って，大きい方の数を求める問題です。

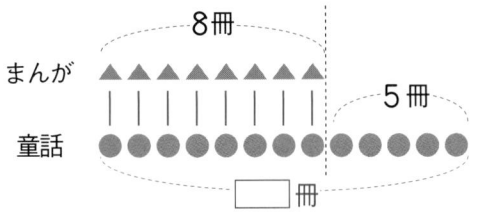

童話の本は　8+5=13（冊）

❷ 大きい方の数と差を知って，小さい方の数を求める問題です。
まさこさんはあきこさん（11個）より2個少ないので
11−2=9（個）

きょうかしょのドリル① のこたえ　121 ページ

❶ 9+4=13　　　13（こ）
❷ 12−3=9　　　9（にん）
❸ 9+2=11　　　11（こ）
❹ 15−8=7　　　7（さつ）

考え方・解き方

❶ 小さい方の数と差を知って，大きい方の数を求める問題です。

9+4=13（個）

❷ 大きい方の数と差を知って，小さい方の数を求める問題です。

12−3=9（人）

❸ 小さい方の数と差を知って，大きい方の数を求める問題です。
（小さい方の数）＋（差）＝（大きい方の数）
となります。
9+2=11（個）

❹ 大きい方の数と差を知って，小さい方の数を求める問題です。

15−8=7（冊）

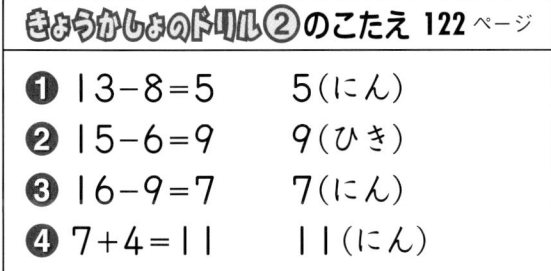

きょうかしょのドリル② のこたえ　**122** ページ
❶ 13−8＝5　　　5（にん）
❷ 15−6＝9　　　9（ひき）
❸ 16−9＝7　　　7（にん）
❹ 7＋4＝11　　　11（にん）

テストにでるもんだい① のこたえ　**123** ページ
❶ 9＋4＝13　　　13（まい）
❷ 14−5＝9　　　9（さつ）
❸ 8＋4＝12　　　12（ほん）
❹ 9＋8＝17　　　17（ほん）

（考え方・解き方）

❶ いすが8脚あるので8人すわれます。

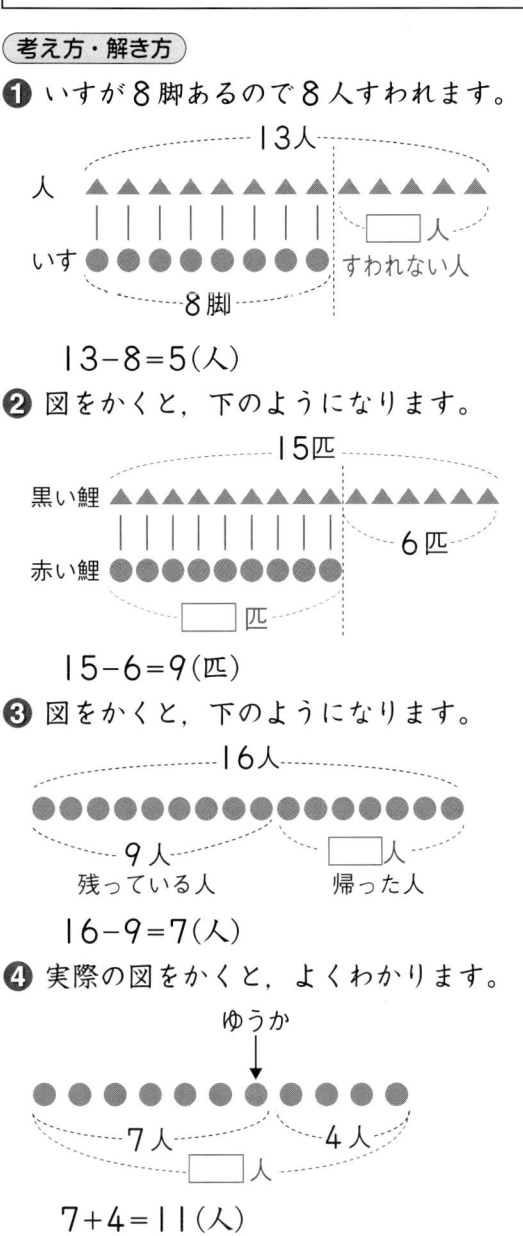

13−8＝5（人）

❷ 図をかくと，下のようになります。

15−6＝9（匹）

❸ 図をかくと，下のようになります。

16−9＝7（人）

❹ 実際の図をかくと，よくわかります。

7＋4＝11（人）

（考え方・解き方）

❶ 図をかくと，下のようになります。

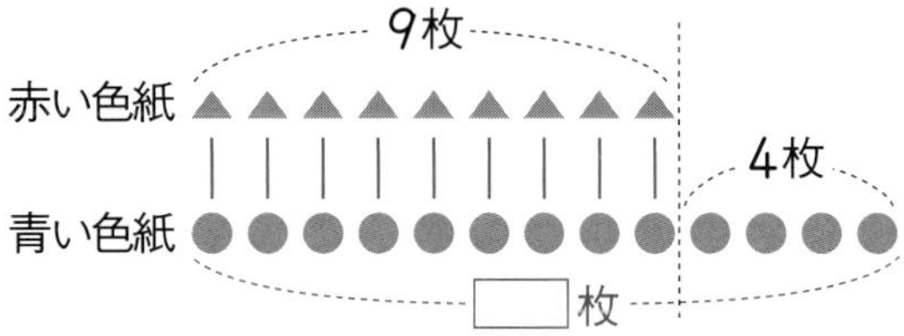

9＋4＝13（枚）

❷ 図をかくと，下のようになります。

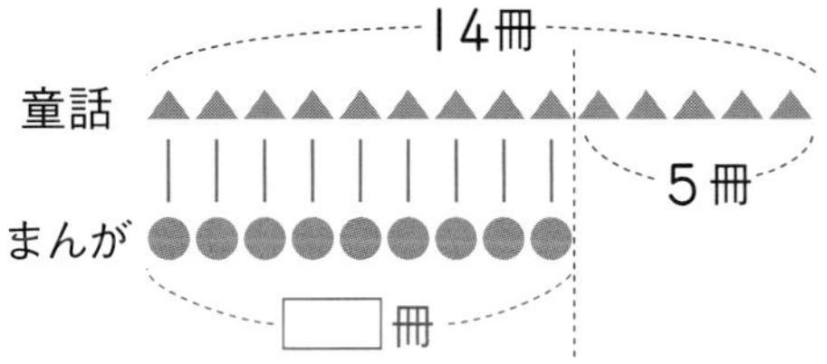

14−5＝9（冊）

❸ 図をかくと，下のようになります。

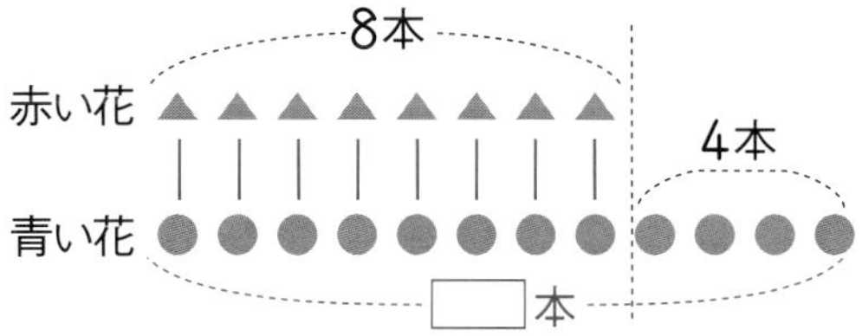

8＋4＝12（本）

❹ 図をかくと，下のようになります。

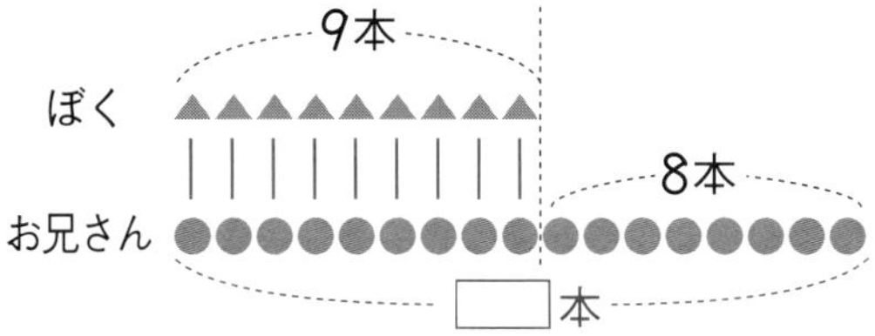

9＋8＝17（本）

テストにでるもんだい② のこたえ 124 ページ

❶ 11−3＝8　　　8（ひき）
❷ 8＋6＝14　　14（かい）
❸ 12−4＝8　　　8（こ）
❹ 25＋5＝30　　30（こ）

考え方・解き方

❶ けんとさんは，お父さん（11匹）より3
匹少ないので
　　11−3＝8（匹）
❷ お姉さんは，ひろきさん（8回）より6回
多くとんだので
　　8＋6＝14（回）
❸ りんごは，みかん（12個）より4個少な
いので
　　12−4＝8（個）
❹ 赤組は，白組（25個）より5個多くはい
ったので
　　25＋5＝30（個）

テストにでるもんだい③ のこたえ 125 ページ

❶ 8＋7＝15　　　15（こ）
❷ 13−8＝5　　　5（こ）
❸ 6＋4＝10　　　10（きゃく）
❹ 13−9＝4
　　4＋1＝5　　　5（ばんめ）

考え方・解き方

❶ 8個食べても，まだ7個残っているので，
ケーキの数は
　　8＋7＝15（個）
❷ 13個の風船のうち，8個を子供に配る
ので，残るのは
　　13−8＝5（個）
❸ いすは机（6個）より，4脚多いので，い
すの数は
　　6＋4＝10（脚）
❹ うしろから4番目ではありません。図を
かくとよくわかります。

ひろのり
↓
前から9番目
●●●●●●●●●●●●●
└──────13人──────┘

13人がならんでいて，前から9番目のひ
ろのりさんの後ろには4人がならんでい
ます。
ですから，ひろのりさんは後ろから数える
と5番目です。
　　13−9＝4　4＋1＝5（番目）